我最想穿的
手工女士毛衣

廖名迪 主编

Shougong
Nvshi Maoyi

辽宁科学技术出版社

·沈阳·

本书编委会

主　编　廖名迪

编　委　余海燕　樊艳辉　宋敏姣　李玉栋

图书在版编目（CIP）数据

　　我最想穿的手工女士毛衣 / 廖名迪主编. —沈阳：辽宁科学技术出版社，2014.9

　　ISBN 978-7-5381-8665-9

　　I. ①我…　II. ①廖…　III. ①女服—毛衣—手工编织—图集　IV. ① TS941.763.2-64

　　中国版本图书馆 CIP 数据核字（2014）第 115944 号

> 如有图书质量问题，请电话联系
> 湖南攀辰图书发行有限公司
> 地址：长沙市车站北路 649 号通华天都 2 栋 12C025 室
> 邮编：410000
> 网址：www.penqen.cn
> 电话：0731-82276692　82276693

出版发行：辽宁科学技术出版社
　　　　　（地址：沈阳市和平区十一纬路 29 号　邮编：110003）
印　刷　者：湖南新华精品印务有限公司
经　销　者：各地新华书店
幅面尺寸：210mm × 285mm
印　　张：13.5
字　　数：352 千字
出版时间：2014 年 9 月第 1 版
印刷时间：2014 年 9 月第 1 次印刷
责任编辑：郭　莹　攀　辰
摄　　影：龙　斌
封面设计：多米诺设计·咨询　吴颖辉　龙欢
版式设计：攀辰图书
责任校对：合　力

书　　号：ISBN 978-7-5381-8665-9
定　　价：39.80 元
联系电话：024-23284376
邮购热线：024-23284502

目 录
Contents

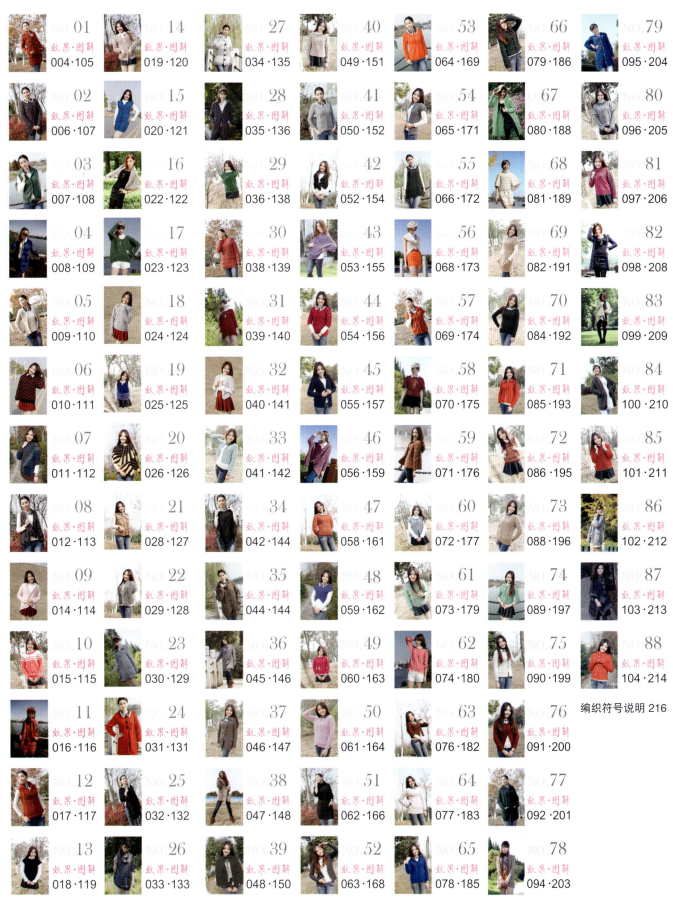

修身的款型，靓丽的配色，打造出时尚大牌范儿。

编织图解：P105

韩版复古杂色大衣，时尚大
气，经久耐看，让你感受随时变身韩
剧女主角般的惊喜。

编织图解：P107

NO.03

草绿色映衬出女人的温柔甜美气质，小巧
精致的纽扣，加入一点俏皮味道。这样的一款
毛衣，尽显女性百变的魅力。

编织图解：P108

NO.*04*

渐变的蓝色毛线编织在一起，十分的亮眼。

编织图解：P109

NO.05

最美便是那回眸的一丝笑意，如同能融化掉整个冬天的寒冷。越是如此素雅的色彩，越能衬托出着装者清新脱俗的气质。

编织图解：P110

NO.06

毛衣上点缀复古花朵是当前流行的时尚元素，加上柔软的面料、精致的做工，这样的毛衣一定让人爱不释手。

编织图解：P111

NO.07

采用不对称的设计风格，个性十足，衣身上别致的条纹配色，呈现出时尚复古的味道。

编织图解：P112

NO.08

以流苏式样点缀的复古马甲衫，极具时尚
味道，尽显你直率洒脱的气质。

编织图解：P113

NO.*09*

淡粉色宽松毛衣外套，颜色清新淡雅，
外观舒适大气，上身效果极佳，散发迷人的
甜美淑女气息。

编织图解：P114

这样一款俏皮的短款毛衣，一定是约会时搭配的首选，白色和粉色撞击出的梦幻感，烘托出甜美可人的青春朝气。

编织图解：P115

NO. *11*

暖暖的色调给人温馨感，与围巾和毛线
帽的搭配更显协调。

编织图解：P116

NO.*12*

亮丽的色彩衬出白皙好皮肤，小卷领的设计完美地勾勒出颈部线条， 花朵纽扣更是锦上添花，尽显着装者的楚楚动人。

编织图解：P117

NO. *13*

前后不对称的 V 领设计，让人眼前一亮，微微内缩的图案设计，更是巧妙地达到了收腰的效果，非常的纤细有型。

编织图解：P119

NO. *14*

体型娇小的美眉，可以选择短款的毛线开衫，时尚而清新。短裙的加入不仅多了几分甜美，更能拉长双腿，在视觉上有高挑身材的效果。

编织图解：P120

NO.*15*

海蓝色的无袖毛衣，如同袭来的
一阵海洋风，浪漫清爽。

编织图解：P121

NO. 16

俏皮的麻花纹将浪漫装饰在披肩
之上，连帽的设计让披肩更加保暖。

编织图解：P122

NO. *17*

宽松的墨绿色毛衫轻松百搭，网状花纹时尚靓丽。

编织图解：P123

NO. *18*

　　衣袖上交错的菱形花样，产生一种奇妙的韵律感，右肩的扣子更是一大亮点。整件衣服展现给大家文艺女青年的脱俗气质。

编织图解：P124

NO. *19*

和你擦肩而过的那位女子，蓝色条纹的毛衣，
轻柔及腰的秀发，让她在人海中成为一道风景线。

编织图解：P125

NO. 20

此款披肩打破常规的设计理念，错落有致的层次感，浪漫的花朵点缀，趣味感十足。大气的摆幅，瞬间提升创意感，将你从容优雅的气质展露无遗。

编织图解：P126

NO.21

像是大漠中起伏沙层的花样图案，动感十足，
穿上它，令人更加俏皮活泼。

编织图解：P127

NO. *22*

大气的卷领造型，时尚的花样拼接，别致
的后背设计，瞬间让你成为人群中的焦点。

编织图解：P128

NO.*23*

时尚经典又兼具保暖功能的大衣谁会不爱?

编织图解：P129

NO.*24*

寒冷的冬天怎么能少得了一件红色大衣，
无论是浪漫的圣诞节，还是喜庆的春节，都能
为装扮加分。

编织图解：P131

NO.25

喜欢时尚装扮的你，这样一款造型别致的大披肩，你怎能错过。优雅前卫，大牌范儿十足。

编织图解：P132

NO.26

正面口袋的设计十分可爱，腰际间的纽扣
把毛衣装点得更有时尚感。

编织图解：P133

NO.27

黑灰相间的毛线大衣,线条流畅的大V领,优雅而大气。配上浅蓝色牛仔裤和及踝短靴,展现出迷人的轻熟女范儿。

编织图解:P135

NO. 28

灰色的麻花纹毛衣是冬日装扮的不二选择。

编织图解：P136

NO. 29

宛若徐徐走来的森林仙子，洋溢着大自然的神奇魅力。

编织图解：P138

NO.30

当温暖毛衣遭遇色彩的冲击，将碰撞出
无限的青春活力。

编织图解：P139

连衣裙散发着特有的女人味，甜美的公主范儿让你爱不释手。

编织图解：P140

NO.32

精致立体的毛球，独特的镂空底纹，清新素净的色彩，内搭白色衬衫，轻松穿出甜美迷人的气质。

编织图解：P141

NO.33

薄荷绿的小清新，一定是很多少女的最爱，无论搭配蕾丝裙还是紧身牛仔，都能展现出最独特的气质。

编织图解：P142

NO.34

黑色的安静，镂空的生动，赋
予你慵懒文艺的时尚感。

编织图解：P144

NO.35

宽松大气的款型，充满了欧美风情。走在大街上，潮范儿十足。

编织图解：P144

NO.36

秋日里的毛衣，总让人联想起爱人温暖的怀抱，毛衣舒适温柔的质感，让你拥有温柔的一季。这件长款大翻领，在口袋、门襟等细节上的设计让人倍感贴心。

编织图解：P146

NO.37

看似简单的款式，却因高低不一的底边
而显独特，浅咖啡的色调与初冬的氛围相映
成趣，更能展现女性的大牌气场。

编织图解：P147

NO. *38*

粗密厚实的线材，高贵典雅的款式，既给你带来百般温情呵护，又给你增添了时尚的气质。大气的花纹设计，经典牛角纽扣的装饰，真是动感迷人！

编织图解：P148

NO.39

略带古典风味道的披肩，更能衬托出你
细腻优雅的公主气质。

编织图解： P150

NO.*40*

简约的款式，百搭的色彩，无论是单穿
或是打底，都是不错的选择。

编织图解：P151

NO.41

自信的女人往往是最美的，即使不用华丽的质感或者高调的色彩同样可以散发端庄娴雅的真实魅力。

编织图解：P152

NO.42

扭花式的设计，更能烘托出女人如花的寓意，
展现出女性的妩媚娇柔。

编织图解：P154

NO.43

方向一致的花纹编织，给人无限视觉冲击，胸前装饰的圆形纽扣，十分惹人喜欢。

编织图解：P155

NO.44

如此明亮的色彩，似暖春绽放的花苞，
蜕变出女性最动人的美丽。

编织图解：P156

NO.45

拒绝冬日的臃肿，这样一件深蓝色经典
开衫，是很多 OL 女性的衣橱必备款。简约实
用，又不失成熟魅力。

编织图解：P157

NO.46

条形花纹强烈的视觉张力，独显
都市女人的别样审美。

编织图解：P159

NO.47

七彩的配色总会锁定他人的目光，像雨后彩虹般绚丽夺目。

编织图解：P161

NO.48

衣摆的大Ｖ造型，让你一眼就能发现它
的独特。而且衣领完美的弧度，将小女人的
迷人气质，发挥得淋漓尽致。

编织图解：P162

NO.*49*

衣边波浪的弧度，右下角花朵的点缀，
让款式更具亮点。选取鲜亮的色彩，甜美少
女立即呈现。

编织图解：P163

NO.50

这款毛衣选取淡雅的香芋紫，穿在身上，清新靓丽。

编织图解：P164

NO.51

纯黑色长款毛衣，塑造女性的完美曲线，
黑色的沉稳带给人们扑面而来的成熟气场。

编织图解：P166

NO.52

万物复苏的春季，带上闺蜜一起去踏青吧。脱去干练的工作服，换上牛仔，套上这样一款简单舒适的毛衫，还原最自然的你。

编织图解：P168

NO.53

摒弃你衣橱里单调的黑白灰，给初春带
来一道明媚的色彩，映衬出美丽动人的容颜。

编织图解：P169

NO.*54*

修身的款式，简约的小翻领，饰以对称
花纹，别有一番风味。

编织图解：P171

大 A 字裙摆，搭配蕾丝内衬，展现
公主般的甜美可人。

编织图解：P172

NO.56

款式设计极具特色，时尚而个性，让你
变身星范儿。

编织图解：P173

NO.57

大胆的图案设计极具吸引力，如阳光一般暖暖的橙色，更衬肤色，更显精神。

编织图解：P174

NO.58

鲜艳的红色毛线夺人眼球，麻花图案新颖时尚。

编织图解：P175

NO.59

潮流时尚的款式设计，精致的编织手法将
一个个小方格拼凑得精美别致，让这款衣服有
着与众不同的风格。

编织图解：P176

NO.60

这样一款 A 型的小马甲，很适合有点小肚腩的甜美系姑娘，配以高腰的短裙，这样的形象俏皮可爱，上镜效果相当不错。

编织图解：P177

NO.*61*

薄荷绿条纹毛衣，甜美减龄。一字领设计，
利落清爽，肩部铆钉的加入更添几分时尚感。

编织图解：P179

NO.62

粉色毛线编织的心形图案既
可爱又不失女人味。

编织图解：P180

NO.63

看似古板的褐色毛衫，却因加入了七分泡泡袖、假口袋的设计，整件衣服瞬间变得时尚有活力。

编织图解：P182

NO. 64

清新的米白总能成为人们的百搭之选，时尚的花样，收腰的设计，尽显女性婀娜多姿的身材。

编织图解：P183

NO.65

明亮的蓝色，波浪纹的修饰，就像一眼陷
入蓝色湖泊般的轻柔与沉寂。

编织图解：P185

NO.66

低调的墨绿，宽松的款型，带给人休闲随性的
感觉。无论去郊游还是逛街都很适合。

编织图解：P186

NO.67

草绿的颜色，充满浪漫的田园气息，站在
花丛中，分外妖娆。

编织图解：P188

素雅的色彩，宽大的袖口，花样经典，
款式简约。

编织图解：P189

修身的款型，浪漫的风格，特别
适合高挑甜美的少女，像是一缕清风，
让人眼前一亮。

编织图解：P191

NO. 70

修身的设计塑造出玲珑好身材，色调沉
稳大方，打造出轻熟女范儿。

编织图解：P192

NO. *71*

红色彰显出女性的活力与热情，立体花纹
和小毛线球的设计，更添几分可爱与甜美。

编织图解：P193

NO. 72

如同现身梦境的素雅女子，忽隐忽现的面庞，
嘴角那丝浅浅的笑意，总让人觉得似曾相识。

编织图解：P195

NO. 73

在寒冷的冬天，保暖效果很大程度体现了一件衣服的实用性。这款如同妈妈编织的温暖牌毛衣，色彩简约，款式经典，让你有马上动手编织的冲动。

编织图解：P196

NO.74

草绿色开衫能突显出女性的朝气活泼，搭配一条小皮裙，更能引人注目。

编织图解：P197

NO.75

小巧别致的荷叶领，枝叶蔓延的花样点缀，
都为这款素雅的毛衣带来一丝灵动的气息。

编织图解：P199

NO. 76

镂空的波浪形花样编织，为暗沉的红色
带来些许活跃感，半系扣的开襟设计，也是
一大亮点。

编织图解：P200

NO.77

树枝图案的创意、低调的色彩，衬托出女
性的温婉动人。

编织图解：P201

NO. 78

宽松休闲的款型，如同花苞般点缀的图案，
配上那若有所思的情绪，此时这边风景独好。

编织图解：P203

NO. 79

宽松的翻领设计大气尽显，门襟巧妙地
缝上圆形牛角扣来提升气质。

编织图解：P204

NO. *80*

休闲的版型，毫无拘束感，穿着起来非常舒适。
简单的线条加以点缀，展现别样的中性魅力。

编织图解：P205

层次分明的线条，不规则的卷领，花蕊的修饰，无不衬托出女性知书达理、大家闺秀的气质。

编织图解：P206

NO. 82

衣襟麻花纹设计，给毛衣增添了优雅的气息，翻领的款式使毛衣更显优雅时尚。

编织图解：P208

此款开衫简约、百搭，自然顺垂的领型，简约而有气场，开襟的下摆十分飘逸，柔软舒适的毛线呈现出休闲的上身效果。

编织图解：P209

NO.84

动感的花纹设计，精致的小球点缀，将
此款衣服编织得大气而温馨，流畅的开襟线
条，更能衬托女性的迷人风采。

编织图解：P210

NO. *85*

细腻的质感，厚实的面料，穿起来非常的舒适保暖，这款实用而大方的毛衣带给你惬意的冬季。

编织图解：P211

NO. *86*

这款浪漫风情开衫毛衣，绝对是不折不扣的时尚单品，精致的款式设计，以及灰白相间的花样编织，都是令人无法抗拒的亮点。

编织图解：P212

NO.87

蝙蝠衫以其独特的造型和工艺传达出一种不受约束、优雅淡然的风格，不仅舒适而且搭配方法合宜的话，还会穿出令人意想不到的消瘦效果来。

编织图解：P213

NO.88

洋溢着热情的橘红，为渐冷的深秋添上一笔
亮丽的色彩。穿上它，让美丽更温暖一些。

编织图解：P214

◆编织图解

NO.01

【成品尺寸】衣长76cm　胸围82cm　连肩袖长61cm
【工　　具】10号棒针　缝衣针
【材　　料】橙红色羊毛绒线600g
【密　　度】10cm² : 30针×40行
【附　　件】纽扣5枚

【制作过程】

毛衣用棒针编织，由2片前片、1片后片、2片袖片组成，从下往上编织。

1.先编织前片。(1)左前片。用下针起针法起62针，先织3cm双罗纹，改织花样，侧缝不用加减针，织51cm至插肩袖窿。(2)袖窿以上的编织：袖窿平收6针后减32针，方法是：每4行减2针减10次，每4行减1针减12次，织22cm至肩部。(3)同时从插肩袖窿算起，织至6cm时，开始领窝减24针，方法是：每4行减1针减8次，每2行减1针减16次，织至肩部全部针数收完。同样方法编织右前片。

2.编织后片。(1)用下针起针法起122针，先织3cm双罗纹后，改织全下针，侧缝不用加减针，织51cm至插肩袖窿。(2)袖窿以上的编织。两边袖窿平收5针后减32针，方法是：每4行减2针减10次，

每4行减1针减12次。领窝不用减针，织22cm至肩部余48针。

3.编织袖片。用下针起针法起66针，先织6cm双罗纹后，改织全下针，两边袖下加针，方法是：每8行加1针加15次，织至33cm时，开始两边平收5针后，插肩减32针，方法是：每4行减2针减10次，每4行减1针减12次，至肩部余22针，同样方法编织另一片袖片。

4.缝合。将前片的侧缝与后片的侧缝对应缝合。袖片的袖下分别缝合，袖片的插肩部与衣片的插肩部缝合。

5.门襟编织。两边门襟分别挑136针，织3cm双罗纹，右边门襟均匀地开纽扣孔。

6.领片编织。按编织方法编织，形成开襟青果翻领。

7.装饰：2个口袋分别另织，起24针，织花样，两边各加6针，方法是：每2行加2针加3次，织11cm后改织2cm双罗纹，缝合到前片相应的位置上。缝上纽扣。毛衣编织完成。

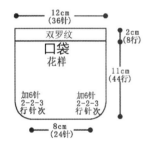

12cm
(36针)

双罗纹

口袋
花样

2cm
(8行)

11cm
(44行)

加6针
2-2-3
行针次

加6针
2-2-3
行针次

8cm
(24针)

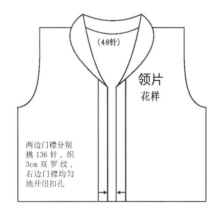

(48针)

领片
花样

两边门襟分别挑136针，织3cm双罗纹，右边门襟均匀地开纽扣孔

领片编织方法：

采用引退针法，留领是V字形，织的时候领窝挑起48针，织花样，先织3行，第4行起两端各留1针，织20行，再两端各留2针，织5行，两端各留2针，织4行，两端各留4针，织3行，两端各留5针，织2行，两端各留6针，织1行，最后全部织1行收针就完成。

双罗纹

行

针

全下针

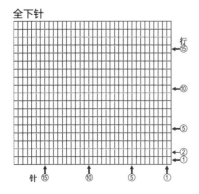

行

针

花样

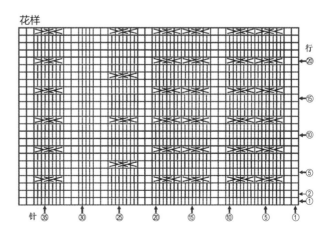

行

针

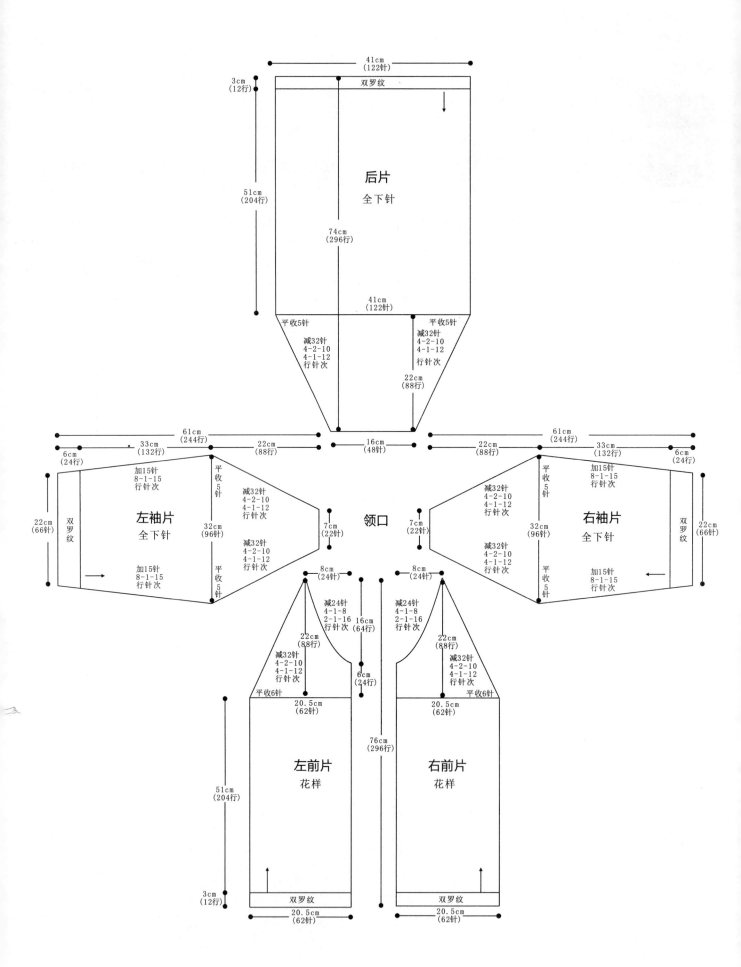

41cm
(122针)

双罗纹

3cm
(12行)

后片
全下针

51cm
(204行)

74cm
(296行)

41cm
(122针)

平收5针

平收5针

减32针
4-2-10
4-1-12
行针次

减32针
4-2-10
4-1-12
行针次

22cm
(88行)

61cm
(244行)

33cm
(132针)

22cm
(88行)

16cm
(48针)

22cm
(88行)

33cm
(132针)

61cm
(244行)

6cm
(24行)

加15针
8-1-15
行针次

平收5针

减32针
4-2-10
4-1-12
行针次

领口

减32针
4-2-10
4-1-12
行针次

平收5针

加15针
8-1-15
行针次

6cm
(24行)

22cm
(66针)

双罗纹

左袖片
全下针

32cm
(96行)

右袖片
全下针

双罗纹

22cm
(66针)

加15针
8-1-15
行针次

减32针
4-2-10
4-1-12
行针次

平收5针

7cm
(22行)

7cm
(22行)

平收5针

减32针
4-2-10
4-1-12
行针次

加15针
8-1-15
行针次

8cm
(24针)

8cm
(24针)

减24针
4-1-8
2-1-16
行针次

减24针
4-1-8
2-1-16
行针次

16cm
(64行)

22cm
(88行)

22cm
(88行)

减32针
4-2-10
4-1-12
行针次

6cm
(24行)

减32针
4-2-10
4-1-12
行针次

平收6针

20.5cm
(62针)

20.5cm
(62针)

平收6针

76cm
(296行)

51cm
(204行)

左前片
花样

右前片
花样

3cm
(12行)

双罗纹

双罗纹

20.5cm
(62针)

20.5cm
(62针)

NO.02

【成品尺寸】衣长 75cm　胸围 78cm　连肩袖长 63cm
【工　具】10 号棒针　缝衣针
【材　料】灰色段染羊毛绒线 600g
【密　度】10cm² : 30 针 ×40 行
【附　件】纽扣 5 枚

【制作过程】
毛衣用棒针编织，为一片式，从左往右横向编织，袖片另织。
1.(1) 从右前片起织，用下针起针法起 225 针，先织 4cm 双罗纹门襟。
(2) 开始织花样，依次为 48 针花样 A，165 针全上针，12 针花样 B，继续编织。(3) 织至 19.5cm 时，侧缝处平收 177 针，继续编织 30cm，一边的袖口编织完成。(4) 把之前平收的 177 针侧缝，直加回来，按开始时的排花继续编织后片，织至 39cm 时，继续另一边袖口的编织，方法与前面袖口一样。(5) 继续编织 19.5cm 左前片后，改织 4cm 双罗纹门襟，收针断线。
2. 把织片的 A 与 B 缝合、C 与 D 缝合。
3. 袖片编织。在织片的袖口处挑 90 针，织花样 A，袖下减针，方法是：每 12 行减 1 针减 12 次，各减 12 针，织 41cm 时减至 66 针，然后改织 6cm 双罗纹，收针断线。同样方法编织另一片袖片。
4. 领圈边挑 106 针，织 4cm 花样 B，形成开襟圆领。
5. 用缝衣针缝上纽扣。毛衣编织完成。

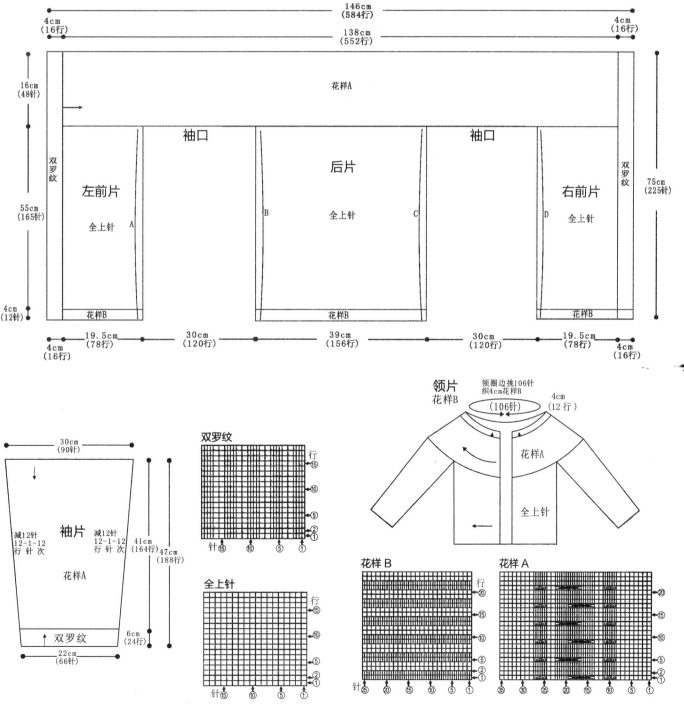

NO.03

【成品尺寸】衣长58cm　胸围76cm
【工　　具】10号棒针　缝衣针
【材　　料】绿色羊毛绒线400g
【密　　度】10cm²：30针×40行
【附　　件】纽扣4枚

【制作过程】

毛衣用棒针编织，由2片前片、1片后片缝合而成，从下往上编织。

1. 先编织前片。分右前片和左前片编织。(1) 右前片：用下针起针法起57针，先织3cm花样A后，改织6cm花样B，再改织全下针，其中门襟的12针一直织花样A，侧缝不用加减针，织27cm至袖窿。(2) 袖窿以上的编织。右侧袖窿平收6针后，不加不减织22cm至肩部余51针，肩部27针平收，剩24针留针不收针。
(3) 相同的方法、相反的方向编织左前片。

2. 编织后片。(1) 用下针起针法起114针，先织3cm花样A后，改织6cm花样B，侧缝不用加减针，织27cm至袖窿。(2) 袖窿以上的编织：两边袖窿平收6针，不加不减织22cm至肩部余102针，两边肩部各平收27针后，剩48针留针不收针。

3. 编织袖口。两边袖口分别挑98针，织10行单罗纹。

4. 缝合。将前片的侧缝与后片的侧缝对应缝合，前后片的肩部对应缝合。

5. 帽片编织。把前后片的领圈边留针的108针合并编织，织32cm花样B，其中门襟的12针继续织花样A，作为帽襟，然后顶部A与B缝合，形成帽子。

6. 用缝衣针缝上纽扣，毛衣编织完成。

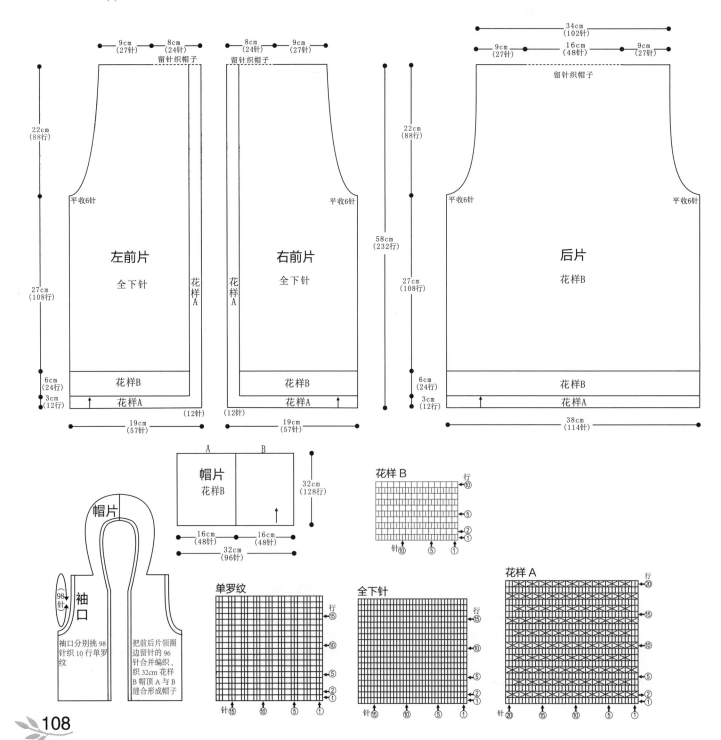

NO.04

【成品尺寸】衣长75cm　胸围100cm　肩宽34cm　袖长52cm
【工　　具】11号棒针
【材　　料】蓝色段染马海毛线650g
【密　　度】10cm² : 22.4针 × 26.7行
【附　　件】纽扣7枚

【制作过程】

1. 后片：由后摆片和后身片分别编织缝合而成。起128针，织4cm下针，再织4cm花样，然后与起针合并成双层衣摆，继续织花样，织至44cm的高度，后摆片编织完成。后身片起112针，织花样，织8行后与起针合并成双层边，继续织至4cm的高度，两侧各平收4针，然后按每2行减1针减14次的方法减针织成袖窿，织至30cm，中间平收44针，两侧按每2行减1针减2次的方法后领减针，最后两肩部各余下14针，将后摆片与后身片缝合。

2. 前片：由前摆片和前身片组成。左前摆片起76针，织4cm下针，再织4cm花样，然后与起针合并成双层衣摆，继续织花样，织至27cm的高度，将织片从第66针处分开成两片分别编织，先织右侧部分，平收6针后，按每2行减2针减8次，每2行减1针减8次的方法减针织成口袋，织至39cm的高度，暂时不织。另起24针织花样，织12cm的高度，与织片左侧之前留起的10针连起来编织，织至39cm的高度，加起的针数与左前摆片原来的针数对应合并成76针，继续编织，共织44cm的高度，左前摆片编织完成。左前身片起68针，织花样，织8行后与起针合并成双层边，继续织至4cm的高度，左侧平收

4针，然后按每2行减1针减14次的方法减针织成袖窿，织至30cm，右侧平收27针，然后按每2行减1针减9次的方法前领减针，最后肩部余下14针，将左前身片与左前摆片缝合。注意左前片织至14cm起，每隔13cm留起1个扣眼，共5个扣眼。同样的方法相反方向织右前片。

3. 袖片（2片）：起44针，织4cm下针，再织4cm花样，然后与起针合并成双层袖口，继续织花样，一边织一边两侧按每8行加1针加11次的方法加针，织至38cm的高度，两侧各平收4针，然后按每2行减1针减19次的方法减针织成袖山，袖片共织52cm长，最后余下20针。袖底缝合。

4. 领片：沿领口挑起96针织花样，织21cm长度，向外缝合成双层领。

5. 衣襟：将左右衣襟侧向内缝合2cm宽度作为衣襟。

6. 口袋：沿袋口挑起28针织单罗纹，织6行的长度，两端与衣身片对应缝合，再将袋底与两侧与衣身片缝合。缝上纽扣。

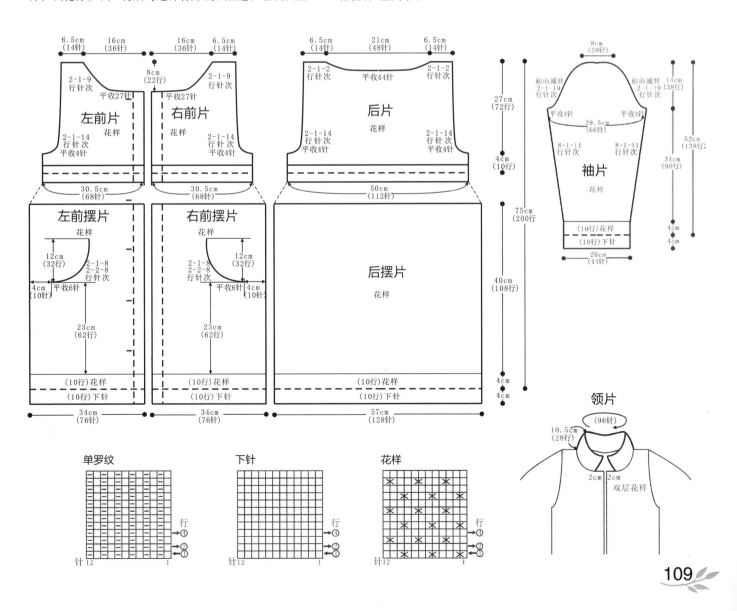

NO.05

【成品尺寸】衣长 57cm　胸围 70cm　连肩袖长 57cm
【工　　具】10 号棒针　缝衣针
【材　　料】米色羊毛绒线 500g
【密　　度】10cm² ：30 针 ×40 行
【附　　件】纽扣 5 枚

【制作过程】

毛衣用棒针编织，由 2 片前片、1 片后片、2 片袖片组成，从下往上编织。

1. 先编织前片。(1) 左前片：用下针起针法起 52 针，织花样 A，侧缝不用加减针，织 45cm 至插肩袖窿。(2) 袖窿以上的编织。袖窿平收 4 针后减 24 针，方法是：每 2 行减 1 针减 24 次，织 12cm 至肩部。不用领窝减针，织至肩部余 24 针，同样方法编织右前片。

2. 编织后片。(1) 用下针起针法起 104 针，织花样 A，侧缝不用加减针，织 45cm 至插肩袖窿。(2) 袖窿以上的编织。两边袖窿平收 4 针后减 24 针，方法是：每 2 行减 1 针减 24 次。领窝不用减针，织 12cm 至肩部余 48 针。

3. 编织袖片。用下针起针法起 66 针，织花样 B，两边袖下加针，方法是：每 24 行加 1 针加 7 次，织至 45cm 时，开始两边平收 4 针后，插肩减 24 针，方法是：每 2 行减 1 针减 24 次，至肩部余 24 针，同样方法编织另一片袖片。

4. 缝合。将前片的侧缝与后片的侧缝对应缝合。袖片的袖下分别缝合，袖片的插肩部与衣片的插肩部缝合。

5. 领片编织。领圈边挑 144 针，织 12 行花样 C，形成开襟圆领。

6. 装饰。缝上纽扣。毛衣编织完成。

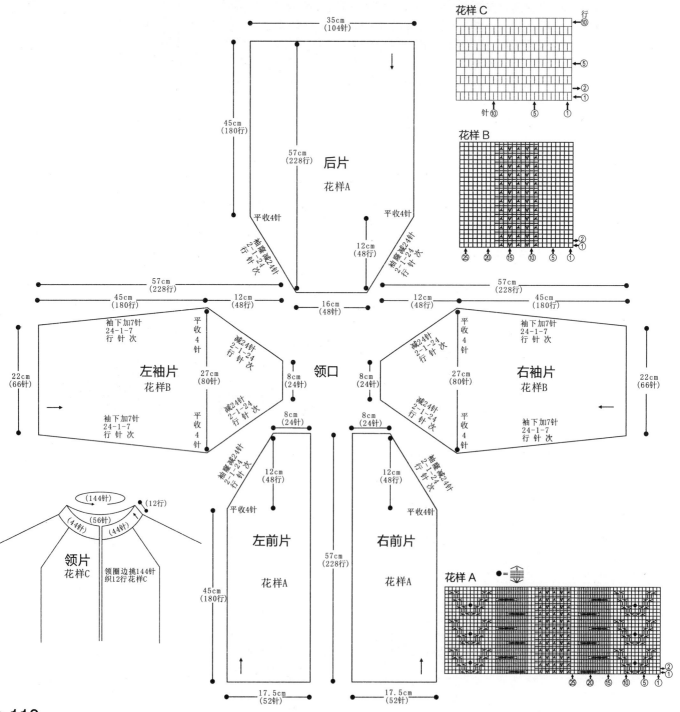

NO.06

【成品尺寸】衣长 60cm　胸围 94cm　袖长 50cm
【工　　具】12 号棒针　缝衣针
【材　　料】红色与黑色羊毛绒线各 300g
【密　　度】10cm² : 30 针 ×40 行
【制作过程】

毛衣用棒针编织，由 1 片前片、2 片后片、2 片袖片组成，从下往上编织。

1. 先编织前片。 (1) 先用下针起针法起 140 针，先织 8cm 单罗纹后，改织全下针，并编入图案，侧缝不用加减针，织 30cm 至袖窿。(2) 袖窿以上的编织：袖窿平收 6 针后减针，方法是：每 2 行减 2 针减 4 次，共减 8 针，不加不减织 80 行至肩部。(3) 同时从袖窿算起织至 14cm 时，中间平收 26 针后，开始两边领窝减针，方法是：每 2 行减 1 针减 16 次，不加不减织至肩部余 27 针。

2. 编织后片。(1) 先用下针起针法起 140 针，先织 8cm 单罗纹后，改织全下针，并编入图案，侧缝不用加减针，织 30cm 至袖窿。

(2) 袖窿以上的编织：袖窿两边平收 6 针后减针，方法与前片袖窿一样。(3) 同时从袖窿算起至 19cm 时，开后领窝，中间平收 46 针，然后两边减针，方法是：每 2 行减 1 针减 6 次，织至两边肩部余 27 针。

3. 编织袖片。(1) 从袖口织起，用下针起针法起 66 针，先织 8cm 单罗纹后，改织全下针，并编入图案，袖下加针，方法是：每 6 行加 1 针加 18 次，编织 116 行至袖窿。(2) 袖窿两边平收 6 针后，开始袖山减针，方法是：每 2 行减 2 针减 6 次，每 2 行减 1 针减 20 次，各减 32 针，编织完 13cm 后余 26 针，收针断线。同样方法编织另一片袖片。

4. 缝合。将前片的侧缝与后片的侧缝对应缝合，前片肩部与后片肩部对应缝合，再将 2 片袖片的袖下缝合后，袖山边线与衣身的袖窿边对应缝合。

5. 领子编织。领圈边挑 142 针，织 3cm 单罗纹，收针断线，形成圆领。毛衣编织完成。

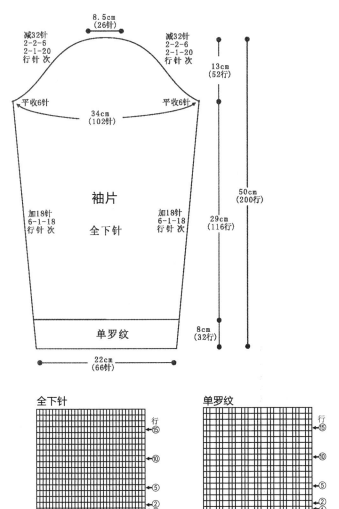

减32针
2-2-6
2-1-20
行针 次

8.5cm
(26针)

减32针
2-2-6
2-1-20
行针 次

13cm
(52行)

平收6针　平收6针

34cm
(102针)

50cm
(200行)

袖片
全下针

加18针
6-1-18
行针 次

加18针
6-1-18
行针 次

29cm
(116行)

单罗纹

8cm
(32行)

22cm
(66针)

全下针

行
15
10
5
2
1

针 15　10　5　1

单罗纹

行
15
10
5
2
1

针 15　10　5　1

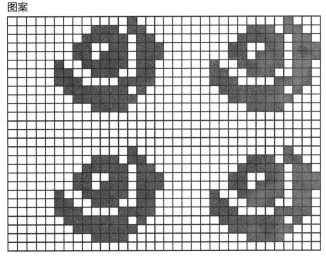

图案

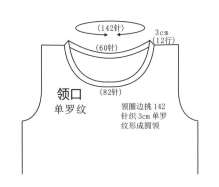

(142针)
(60针)
3cm
(12行)

(82针)

领口
单罗纹

领圈边挑 142
针织 3cm 单罗
纹形成圆领

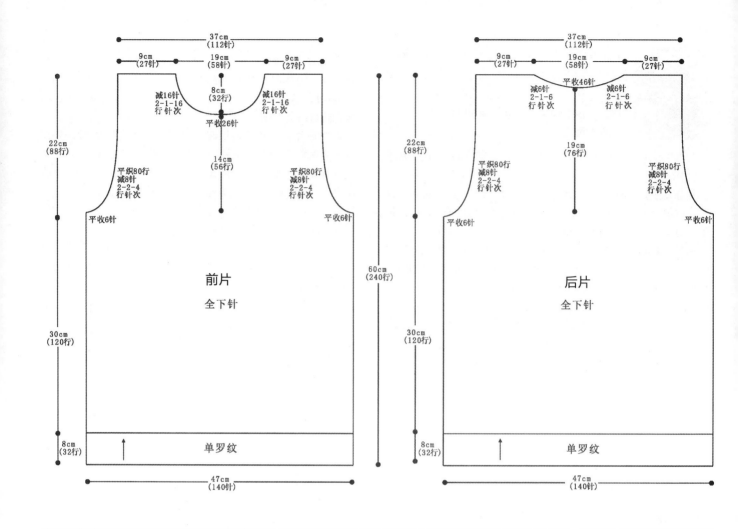

前片　全下针

37cm（112针）
9cm（27针）　19cm（58针）　9cm（27针）
8cm（32行）
减16针 2-1-16 行针次
减16针 2-1-16 行针次
平收26针
14cm（56行）
22cm（88行）
平织80行 减8针 2-2-4 行针次
平织80行 减8针 2-2-4 行针次
平收6针
平收6针
30cm（120行）
8cm（32行）
单罗纹
47cm（140针）

后片　全下针

37cm（112针）
9cm（27针）　19cm（58针）　9cm（27针）
平收46针
减6针 2-1-6 行针次
减6针 2-1-6 行针次
19cm（76行）
22cm（88行）
平织80行 减8针 2-2-4 行针次
平织80行 减8针 2-2-4 行针次
平收6针
平收6针
60cm（240行）
30cm（120行）
8cm（32行）
单罗纹
47cm（140针）

NO.07

【成品尺寸】衣长 68cm　胸围 90cm
【工　　具】10号棒针　缝衣针
【材　　料】段染羊毛绒线500g
【密　　度】10cm² : 30针 ×40行

【制作过程】

毛衣用棒针编织，由1片前片、1片后片组合而成，从左往右编织。
1. 先编织前片。按编织方向起168针，织全下针，织至21cm时，在领口侧加36针，方法是：每4行加6针加6次，至针数为204针，继续编织至45cm时，在下摆的侧缝处平收66针，并减24针，方法是：每6行减3针减8次，至针数为114针，继续编织至12cm，收针断线。
2. 同样方法反方向编织后片。
3. 如图把 A 与 B 缝合、C 与 D 缝合、G 与 H 缝合、E 与 F 缝合。
4. 两边袖口分别挑适合针数，圈织40行单罗纹。
5. 下摆挑270针，圈织10cm单罗纹。毛衣编织完成。

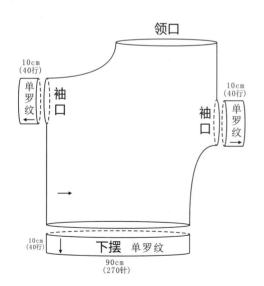

领口
10cm（40行）
单罗纹
袖口
10cm（40行）
袖口
单罗纹
10cm（40行）
下摆　单罗纹
90cm（270针）

全下针
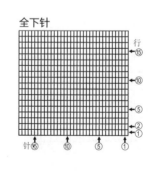

单罗纹
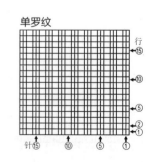

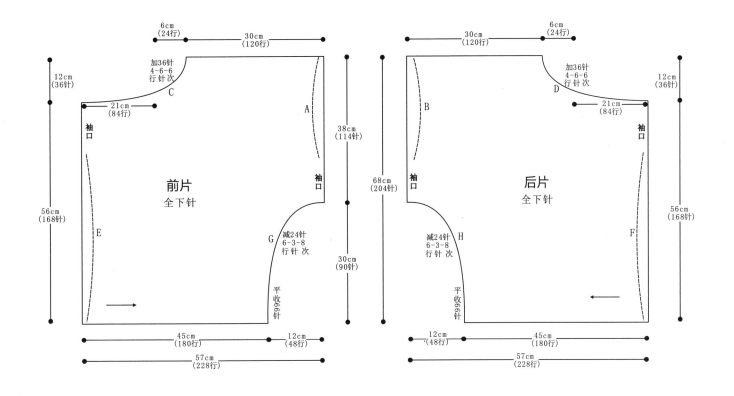

NO.08

【成品尺寸】披肩长 110cm　宽 41cm
【工　　具】12 号棒针　缝衣针
【材　　料】蓝色段染羊毛绒线 400g
【密　　度】10cm² : 30 针 ×40 行

【制作过程】

披肩毛衣用棒针编织，由 1 个长方形缝合而成。

1. 织 1 个长方形，用下针起针法起 124 针，织花样，织 38cm 时，肩部处留 18 针后平收 48 针，下一行再把平收的 48 针加回来，形成左边袖口。

2. 继续编织花样，至 34cm 时同样方法开右边袖口。

3. 继续编织 38cm 花样，收针断线，形成披肩。

4. 剪若干条 24cm 的线段，均匀地系到披肩的下摆处，形成流苏。

披肩毛衣编织完成。

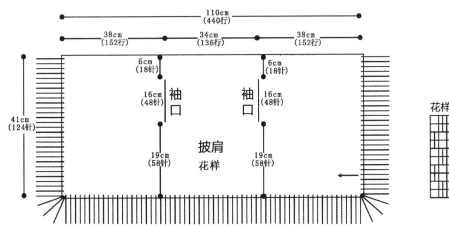

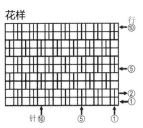

NO.09

【成品尺寸】衣长64cm 胸围43cm 袖长50cm
【工　　具】12号棒针 缝衣针
【材　　料】浅粉色羊毛绒线400g
【密　　度】10cm² : 30针×40行

【制作过程】

毛衣用棒针编织，由1个圆形的环形片、2片袖片组合而成。

1.用下针起针法起24针，用4支棒针环形编织，织花样，并按花样边织边加针，当织至肩宽43cm时，中间的叶子花织完，并开始留袖窿。

2.两边袖窿对称留，分别先平收48针，下一行又把48针加回来，形成袖窿。继续编织，同时在下摆处均匀地在3条径的两边加针，方法是：每2行加2针加8次，织至外圆为64cm时收针断线。环形片编织完成。

3.袖片编织。在袖窿挑96针，圈织全下针，袖下减针，方法是：每2行减2针减12次，至袖口余72针，收针断线。

4.将起头的24针用线穿好，并抽紧。毛衣编织完成。

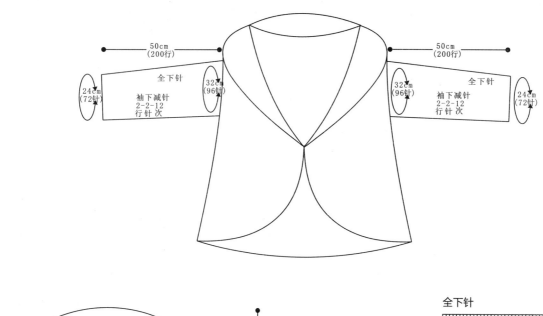

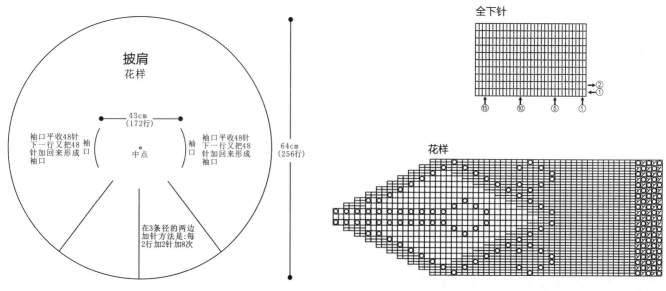

NO.10

【成品尺寸】衣长 57cm　胸围 96cm　袖长 59cm
【工　　具】12 号棒针　缝衣针
【材　　料】粉红色羊毛绒线 400g　白色羊毛绒线 200g
【密　　度】10cm² : 30 针 ×40 行
【附　　件】纽扣 6 枚

【制作过程】

毛衣用棒针编织，由 2 片前片、1 片后片、2 片袖片组成，从下往上编织。

1. 先编织前片。分右前片和左前片编织。右前片：(1) 先用下针起针法起 72 针，先织 6cm 双罗纹后，改织全下针，其中门襟留 12 针织单罗纹的门襟，并编入图案和配色，侧缝不用加减针，织 31cm 至袖窿。(2) 袖窿以上的编织。袖窿平收 6 针后减针，方法是：每 2 行减 1 针减 6 次，共减 6 针，不加不减织 68 行至肩部。(3) 同时从袖窿算起织至 12cm 时，门襟平收 6 针后，开始领窝减针，方法是：每 2 行减 2 针减 8 次，每 2 行减 1 针减 8 次，不加不减织至肩部余 30 针。(4) 相同的方法、相反的方向编织左前片。

2. 编织后片。(1) 先用下针起针法起 144 针，先织 6cm 双罗纹后，改织全下针，并编入图案和配色，侧缝不用加减针，织 31cm 至袖窿。(2) 袖窿以上的编织。袖窿两边平收 6 针后减针，方法与前片袖窿一样。(3) 同时从袖窿算起织至 20cm 时，开后领窝，中间平收 32 针，然后两边减针，方法是：每 2 行减 1 针减 6 次，织至两边肩部余 30 针。

3. 编织袖片。(1) 从袖口织起，用下针起针法起 66 针，先织 6cm 双罗纹后，改织全下针，并编入图案和配色，袖下加针，方法是：每 6 行加 1 针加 18 次，编织 4cm 至袖窿。(2) 袖窿两边平收 6 针后，开始袖山减针，方法是：每 2 行减 2 针减 6 次，每 2 行减 1 针减 20 次，共减 32 针，编织完 13cm 后余 26 针，收针断线。同样方法编织另一片袖片。

4. 缝合。将前片的侧缝与后片的侧缝对应缝合，前片肩部与后片肩部对应缝合，再将 2 片袖片的袖下缝合后，袖山边线与衣身的袖窿边对应缝合。

5. 领子编织。领圈边挑 130 针，织 16 行双罗纹，收针断线，形成圆领。

6. 缝上纽扣。毛衣编织完成。

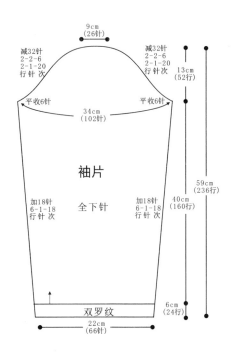

袖片

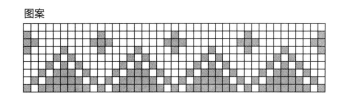

图案

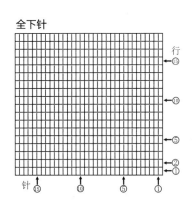

全下针

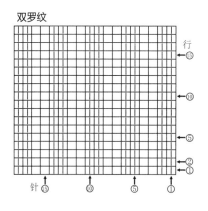

双罗纹

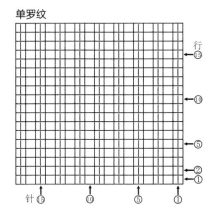

单罗纹

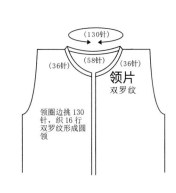

领片
双罗纹

领圈边挑 130 针，织 16 行双罗纹形成圆领

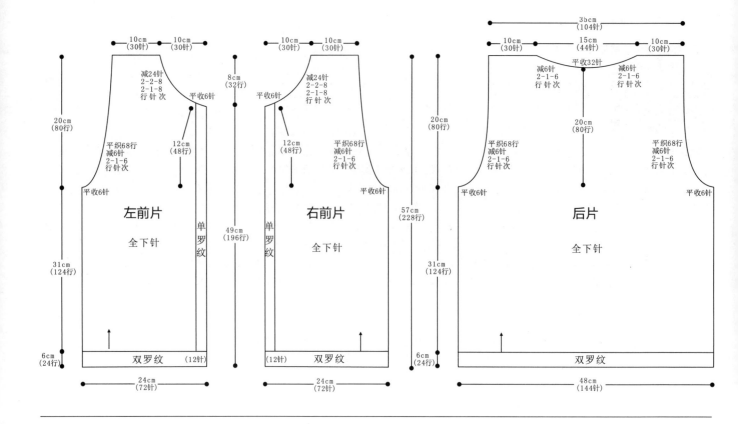

左前片
全下针

10cm（30针）　10cm（30针）

减24针
2-2-8
2-1-8
行针次

平收6针

平收6针

8cm（32行）

12cm（48行）

20cm（80行）

平织68行减针
2-1-6
行针次

平收6针

31cm（124行）

单罗纹

6cm（24行）

双罗纹　（12针）

24cm（72针）

右前片
全下针

10cm（30针）　10cm（30针）

减24针
2-2-8
2-1-8
行针次

平收6针

12cm（48行）

平织68行减针
2-1-6
行针次

平收6针

单罗纹

49cm（196行）

57cm（228行）

（12针）　双罗纹

24cm（72针）

后片
全下针

35cm（104针）

10cm（30针）　15cm（44针）　10cm（30针）

收32针

减6针
2-1-6
行针次

减6针
2-1-6
行针次

20cm（80行）

平织68行减针
2-1-6
行针次

平织68行减针
2-1-6
行针次

平收6针　　平收6针

31cm（124行）

6cm（24行）

双罗纹

48cm（144针）

NO.11

【成品尺寸】衣长 82cm　胸围 106cm　肩宽 40.5cm　袖长 51cm

【工　　具】11 号棒针

【材　　料】红色段染线 650g

【密　　度】10cm²：24 针 × 31 行

【附　　件】纽扣 7 枚

【制作过程】

1. 后片：起 134 针，织双罗纹，织 8cm 的高度，改为 38 行下针与 14 行花样间隔编织，如结构图所示，一边织一边两侧按每 20 行减 1 针减 6 次的方法减针，织至 55cm，两侧各平收 4 针，然后按每 2 行减 1 针减 9 次的方法减针织成袖窿，织至 81cm，中间平收 54 针，两侧按每 2 行减 1 针减 2 次的方法后领减针，最后两肩部各余下 19 针，后片共织 82cm 长。

袖片
下针

14.5cm（34针）

袖山减针
2-1-15
行针次

袖山减针
2-1-15
行针次

平收4针　　平收4针

30.5cm（72针）

8-1-12
行针次

8-1-12
行针次

10cm（30行）

51cm（158行）

33cm（102行）

8cm（26行）

双罗纹

20cm（48针）

2. 左前片：起 70 针，织双罗纹，织 8cm 的高度，改为 38 行下针与 14 行花样间隔编织，如结构图所示，一边织一边左侧按每 20 行减 1 针减 6 次的方法减针，织至 42cm，将织片中间 32 针收针，次行在相同位置重起 32 针，继续编织，织至 55cm，左侧平收 4 针，然后按每 2 行减 1 针减 9 次的方法减针织成袖窿，织至 72cm，右侧平收 19 针，按每 2 行减 1 针减 13 次的方法前领减针，最后两肩部各余下 19 针，左前片共织 82cm 长。注意左前片织至 26cm 起，每隔 6.5cm 留起 1 个扣眼，共 7 个扣眼。同样的方法相反方向织右前片。

3. 袖片（2 片）：起 48 针，织双罗纹，织 8cm 的高度，改织下针，一边织一边按每 8 行加 1 针加 12 次的方法两侧加针，织至 41cm 的高度，两侧各平收 4 针，然后按每 2 行减 1 针减 15 次的方法袖山减针，袖片共织 51cm 长，最后余下 34 针。袖底缝合。

4. 领片：沿领口挑起 122 针织下针，织 12cm 长度，将领片侧边各挑起 28 针，织 4 行后向外缝合成双层边。

5. 缝上纽扣。毛衣编织完成。

领片
下针

（122针）

12cm（38行）

2cm　2cm

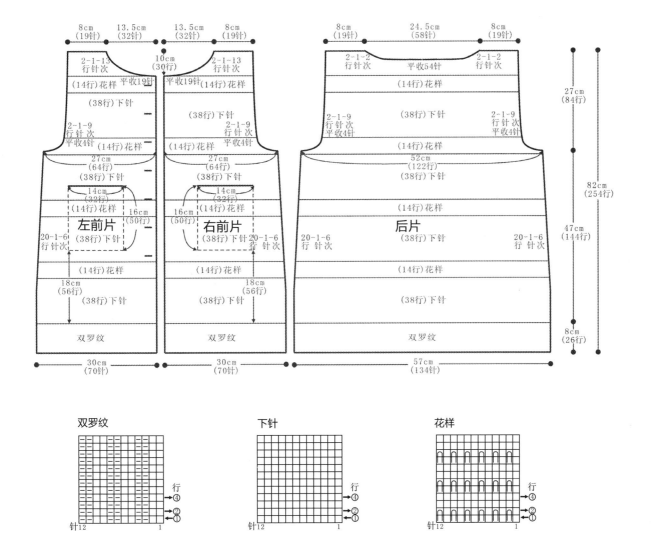

双罗纹 | 下针 | 花样

NO.12

【成品尺寸】衣长61cm 胸围72cm
【工　　具】12号棒针　缝衣针、钩针各1支
【材　　料】枣红色羊毛绒线500g
【密　　度】10cm²：30针×40行
【附　　件】钩针花朵

【制作过程】

毛衣用棒针编织，由1片前片、1片后片组成，从下往上编织。

1.先编织前片。(1)先用下针起针法起108针，先织4cm双罗纹后，改织全下针，侧缝不用加减针，织19cm时改织8cm双罗纹，再改织32行花样至袖窿。(2)袖窿以上的编织：袖窿平收6针后，不加不减织88行至肩部。(3)同时从袖窿算起织至12cm时，中间平收22针后，开始两边领窝减针，方法是：每2行减

1针减10次，不加不减织至肩部余27针。

2.编织后片。(1)先用下针起针法起108针，先织4cm双罗纹后，改织全下针，侧缝不用加减针，织19cm时改织8cm双罗纹，再改织8cm花样至袖窿。(2)袖窿以上的编织：袖窿两边平收6针，方法与前片袖窿一样。(3)同时从袖窿算起织至20cm时，开后领窝，中间平收34针，然后两边减针，方法是：每2行减1针减4次，织至两边肩部余27针。

3.缝合。将前片的侧缝与后片的侧缝对应缝合，前片肩部与后片肩部对应缝。

4.领子编织。按领片编织方法编织。缝上钩针花朵。毛衣编织完成。

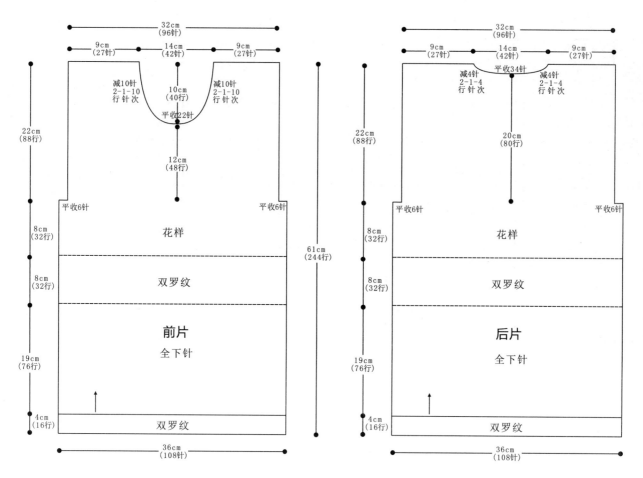

32cm
(96针)

9cm   14cm   9cm
(27针)   (42针)   (27针)

减10针   10cm   减10针
2-1-10   (40针)   2-1-10
行针次   行针次

平收22针

22cm
(88行)

12cm
(48行)

平收6针   平收6针

花样

8cm
(32行)

双罗纹

8cm
(32行)

前片

全下针

19cm
(76行)

61cm
(244行)

4cm
(16行)   双罗纹

36cm
(108针)

32cm
(96针)

9cm   14cm   9cm
(27针)   (42针)   (27针)

减4针   平收34针   减4针
2-1-4   2-1-4
行针次   行针次

22cm
(88行)

20cm
(80行)

平收6针   平收6针

花样

8cm
(32行)

双罗纹

8cm
(32行)

后片

全下针

19cm
(76行)

4cm
(16行)   双罗纹

36cm
(108针)

(48针)

后片

双罗纹

领片编织方法：

采用引退针法，留领是圆领，织
的时候后领窝挑起48针，织双罗
纹，先织3行，第4行起两端各挑
1针，织2行，再两端各挑2针，
织2行，两端各挑3针，织4行，
两端各挑4针，织4行，两端各挑
5针，织2行，两端各留6针，织
1行，最后全部织1行收针就完成。

全下针

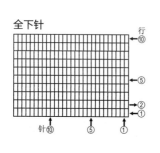

双罗纹

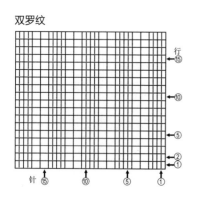

花样

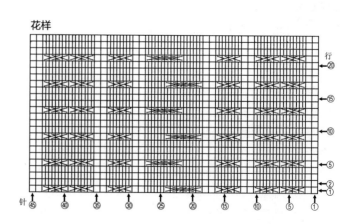

NO.*13*

【成品尺寸】衣长 52cm 胸围 80cm
【工 具】12 号棒针 缝衣针
【材 料】蓝色羊毛绒线 400g
【密 度】10cm² ：30 针 ×40 行

【制作过程】

毛衣用棒针编织，由 1 片前片、2 片后片组成，从下往上编织。
1. 先编织前片。(1) 用下针起针法起 120 针，先织 2cm 单罗纹，然后改织花样，侧缝不用加减针，织 27cm 至袖窿。(2) 袖窿以上的编织：袖窿两边平加 12 针织袖口，织 23cm 至肩部。(3) 同时从袖窿算起织至 11cm 时，开始分两边编织，并继续领窝减针，

方法是：每 2 行减 1 针减 24 次，不加不减织至肩部余 48 针。
2. 编织后片。(1) 先用下针起针法起 120 针，先织 8 行单罗纹，然后改织花样，侧缝不用加减针，织至 27cm 至袖窿。(2) 袖窿以上的编织：两边袖窿加针织袖口，方法与前片袖口一样。(3) 同时开后领窝，分两边编织并减针，方法是：每 4 行减 2 针减 1 次，每 4 行减 1 针减 22 次，织至两边肩部余 48 针。
3. 缝合。将前片的侧缝与后片的侧缝对应缝合，前片肩部与后片肩部对应缝合。
4. 领子编织。领圈边不用编织，在前后片的花样自然形成 V 领。毛衣编织完成。

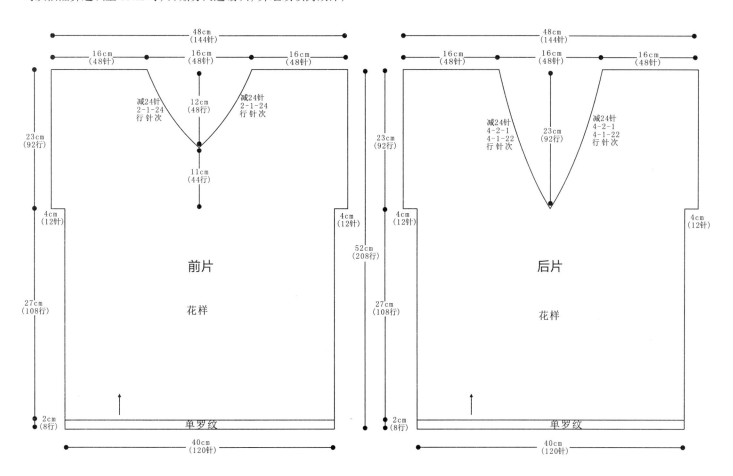

前片

后片

花样

单罗纹

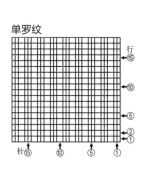

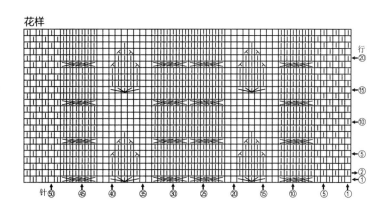

单罗纹

花样

NO.14

【成品尺寸】衣长 60cm　胸围 78cm　连肩袖长 61cm
【工　　具】10 号棒针　缝衣针
【材　　料】浅灰色羊毛绒线 500g
【密　　度】10cm² : 30 针 ×40 行
【附　　件】纽扣 10 枚

【制作过程】

毛衣用棒针编织,由 2 片前片、1 片后片、2 片袖片组成,从下往上编织。

1.先编织前片。(1) 左前片。用下针起针法起 58 针,先织 2cm 花样后,改织全下针,侧缝不用加减针,织 44cm 至插肩袖窿。(其中织至 80 行时,在距离侧缝 12 针处的 34 针织 2cm 花样,并平收 34 针,其余两边的针数留着,内袋另织,起 34 针,织 48 行全下针,然后与织片两边留着的针数合并编织,形成口袋)。(2) 袖窿以上的编织。袖窿平收 6 针后减 28 针,方法是:每 2 行减 1 针减 28 次,织 14cm 至肩部。不用领窝减针,织至肩部余 24 针,同样方法编织右前片。

2.编织后片。(1) 用下针起针法起 116 针,先织 2cm 花样,然后改织全下针,侧缝不用加减针,织 44cm 至插肩袖窿。(2) 袖窿以上的编织。两边袖窿平收 6 针后减 28 针,方法是:

每 2 行减 1 针减 28 次。领窝不用减针,织 14cm 至肩部余 48 针。

3.编织袖片。用下针起针法起 66 针,先织 2cm 花样,两边袖下加针,方法是:每 20 行加 1 针加 9 次,织至 45cm 时,开始两边平收 6 针后,插肩减 28 针,方法是:每 2 行减 1 针减 28 次,至肩部余 22 针,同样方法编织另一片袖片。

4.缝合。将前片的侧缝与后片的侧缝对应缝合。袖片的袖下分别缝合,袖片的插肩部与衣片的插肩部缝合。

5.领片编织。领圈边挑 144 针,织 12 行花样,形成开襟圆领。

6.门襟编织。两边门襟分别挑 180 针,织 8 行花样。

7.装饰。缝上纽扣。毛衣编织完成。

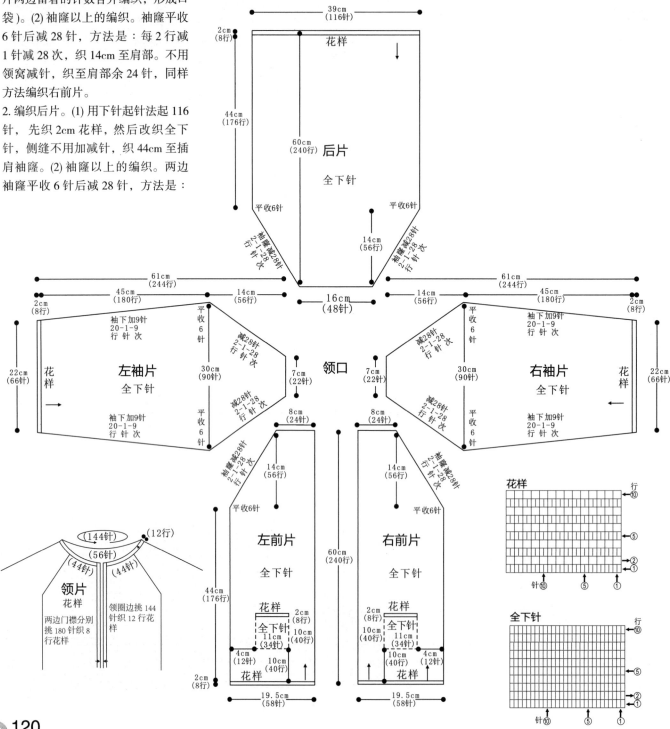

NO.15

【成品尺寸】衣长 80cm　胸围 76cm
【工　　具】10 号棒针　缝衣针
【材　　料】蓝色羊毛绒线 600g
【密　　度】10cm² : 30 针 ×40 行
【附　　件】纽扣 6 枚

【制作过程】

毛衣用棒针编织，由 2 片前片、1 片后片缝合而成，从下往上编织。

1. 先编织前片。分右前片和左前片编织。(1) 右前片：用下针起针法起 57 针，先织 16cm 双罗纹后，改织花样，侧缝不用加减针，织 42cm 至袖窿。(2) 袖窿以上的编织。右侧袖窿平收 4 针后减 5 针，方法是：每织 2 行减 1 针减 5 次，不加不减织 78 行至肩部余 48 针，肩部 24 针平收，剩 24 针留针不收针。(3) 相同的方法、相反的方向编织左前片。

2. 编织后片。(1) 用下针起针法起 114 针，先织 16cm 双罗纹后，改织花样，侧缝不用加减针，织 42cm 至袖窿。(2) 袖窿以上的编织。两边袖窿平收 4 针后减 5 针，方法是：每织 2 行减 1 针减 5 次，不加不减织 78 行至肩部余 96 针，两边肩部各平收 24 针后，剩 48 针留针不收针。

3. 缝合。将前片的侧缝与后片的侧缝对应缝合，前后片的肩部对应缝合。

4. 编织袖口。两边袖口分别挑 120 针，织 12 行双罗纹。

5. 帽片编织。把前后片的领圈边留针的 96 针合并编织，织 29cm 花样，然后顶部 A 与 B 缝合，形成帽子。

6. 门襟编织。门襟至帽顶挑 654 针，织 12 行双罗纹，收针断线。

7. 用缝衣针缝上纽扣，毛衣编织完成。

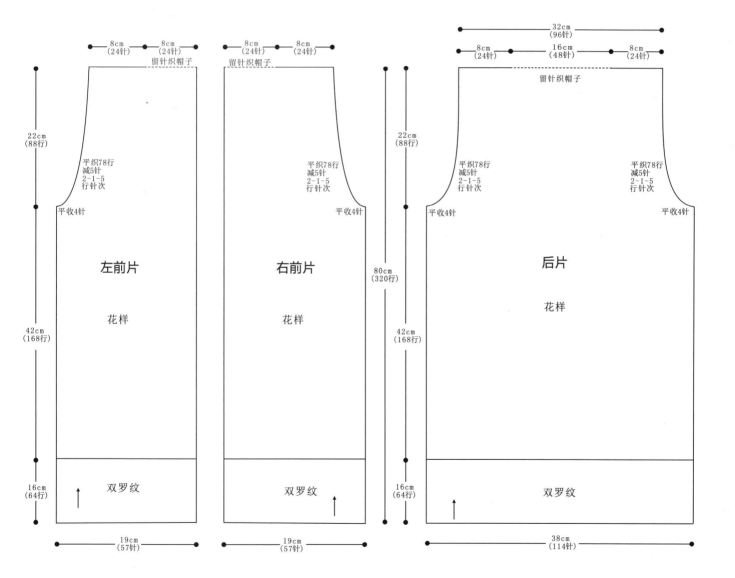

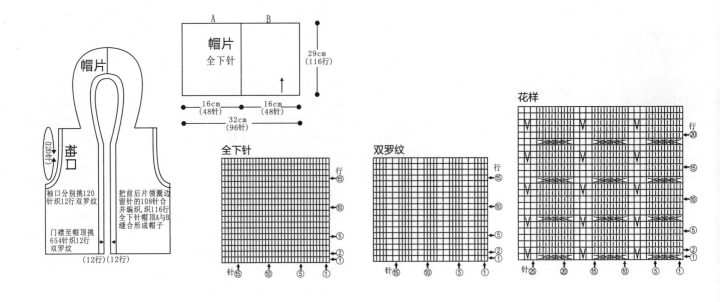

帽片
全下针

A B

29cm
(116行)

16cm
(48针)

16cm
(48针)

32cm
(96针)

帽片

袖口
(12行)

袖口分别挑120
针织12行双罗纹

把前后片领圈边
留针的108针合
并编织,织116行
全下针帽顶A与B
缝合形成帽子

门襟至帽顶挑
654针织12行
双罗纹

(12行)(12行)

全下针

行
15

10

5
2
1

针 15 10 5 1

双罗纹

行
15

10

5
2
1

针 15 10 5 1

花样

行
20

15

10

5
2
1

针 25 20 15 10 5 1

NO.16

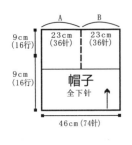

【成品尺寸】衣长 47cm　底边周长 104cm
【工　　具】9号棒针　绣花针
【材　　料】灰色羊毛线 500g
【密　　度】10cm² ：27针 ×32行
【附　　件】纽扣 5 枚

【制作过程】

1. 从下摆向上编织,起 210 针,织 2cm 单罗纹后,改织花样,门襟两边各留 13 针麻花,1 圈共 6 组,每组 23 针,边织边在各麻花两边减针,隔 12 行减 1 次,最后减至每组剩 8 针。

2. 与两边麻花连起来共 74 针,继续编织帽子,将帽子 A 与 B 缝合。

3. 两边门襟至帽缘,挑 208 针,织 3cm 双罗纹。

4. 缝上纽扣,完成。

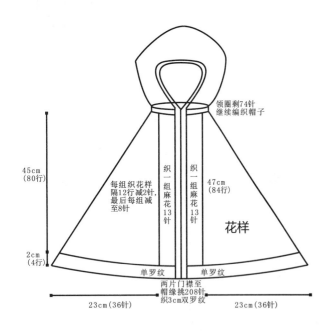

领圈剩74针
继续编织帽子

45cm
(80行)

每组织花样
隔12行减2针,
最后每组减
至8针

织一组麻花13针

织一组麻花13针

47cm
(84行)

花样

2cm
(4行)

单罗纹　单罗纹

两片门襟至
帽缘挑208针
织3cm双罗纹

23cm(36针)　　23cm(36针)

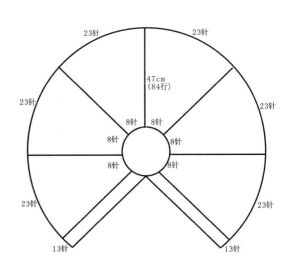

23针　　23针

47cm
(84行)

23针　　　　　　　23针

8针 8针
8针 8针
8针 8针

23针　　　23针

13针　　　13针

A B

9cm
(16行)

23cm
(36针)

23cm
(36针)

9cm
(16行)

帽子
全下针

46cm(74针)

花样

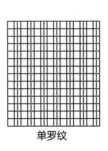

单罗纹

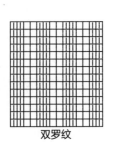

双罗纹

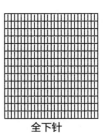

全下针

122

NO.17

【成品尺寸】衣长61cm 胸围122cm 肩宽52cm 袖长50cm
【工　　具】12号棒针
【材　　料】绿色棉线550g
【密　　度】10cm² : 27.5针 ×27.7行

【制作过程】

1. 衣身片：起280针，环形编织单罗纹，织4cm的高度，改织花样A，如结构图所示，织至32cm，织片变成336针，改织花样B，织至38cm，将织片分成前后两片分别编织。后片取167针，织花样B，两侧各平收4针，然后按每2行减1针减7次的方法减针织成袖窿，织至59.5cm，中间平收43针，两侧按每2行减1针减2次的方法后领减针，最后两肩部各余下49针，后片共织61cm长。

2. 前片：左前片取84针，织花样B，起织时左侧平收4针，然后按每2行减1针减7次的方法减针织成袖窿，同时右侧按每2行减1针减24次的方法减针织成前领，织至23cm的高度，肩部余下49针。右前片的编织方法与左前片相同，方向相反。

3. 袖片（2片）：起66针，织花样C，一边织一边按每8行加1针加15次的方法两侧加针，织至44cm的高度，两侧各平收4针，然后按每2行减2针减8次的方法袖山减针，袖片共织50cm长，最后余下64针。袖底缝合。

4. 领子：领圈挑起174针，织单罗纹，一边织一边领尖用中上3针并1针的方式减针，共织3cm的长度。

5. 袖边：袖窿圈挑起128针环形编织单罗纹，织3cm的长度。

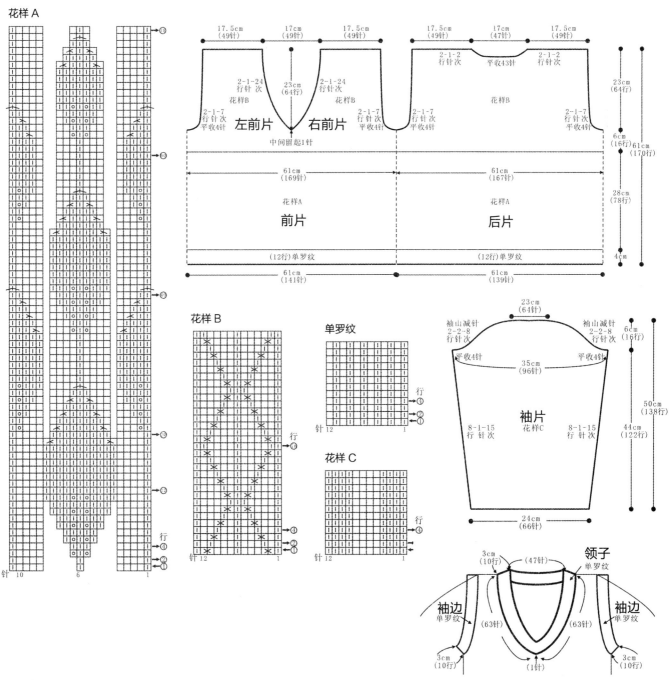

NO.18

【成品尺寸】衣长 55cm　胸围 88cm　连肩袖长 69cm
【工　　具】10 号棒针　缝衣针
【材　　料】灰色段染羊毛绒线 600g
【密　　度】10cm² ：30 针 ×40 行
【附　　件】纽扣 3 枚

【制作过程】
毛衣用棒针编织，由 1 片前片、1 片后片、2 片袖片组成，从下往上编织。
1. 先编织前片。(1) 用下针起针法起 132 针，先织 2cm 花样 B 后，改织花样 A，侧缝不用加减针，织 31cm 至插肩袖窿。(2) 袖窿以上的编织。袖窿平收 7 针后减 32 针，方法是：每 4 行减 2 针减 10 次，每 4 行减 1 针减 12 次，织 22cm 至肩部。(3) 同时从插肩袖窿算起，织至 15cm 时，开始领窝减针，中间平收 26 针，然后两边减 14 针，方法是：每 2 行减 1 针减 14 次，织至肩部全部针数收完。

2. 编织后片。(1) 用下针起针法起 132 针，先织 2cm 花样 B 后，改织花样 A，侧缝不用加减针，织 31cm 至插肩袖窿。(2) 袖窿以上的编织。两边袖窿平收 7 针后减 32 针，方法是：每 4 行减 2 针减 10 次，每 4 行减 1 针减 12 次。领窝不用减针，织 22cm 至肩部余 54 针。
3. 编织袖片。用下针起针法起 72 针，织花样 A，两边袖下加针，方法是：每 18 行加 1 针加 10 次，织至 47cm 时，开始两边平收 7 针后，插肩减 32 针，方法是：每 4 行减 2 针减 10 次，每 4 行减 1 针减 12 次，至肩部余 24 针，同样方法编织另一片袖片。
4. 缝合。将前片的侧缝与后片的侧缝对应缝合。袖片的袖下分别缝合，袖片的插肩部与衣片的插肩部缝合。
5. 在前片的左肩插肩缝处挑 66 针，织 12 行花样 B，形成纽扣里片。
6. 领口编织。领圈边挑 142 针，圈织 24 行双罗纹，形成圆领。
7. 缝上左插肩纽扣。毛衣编织完成。

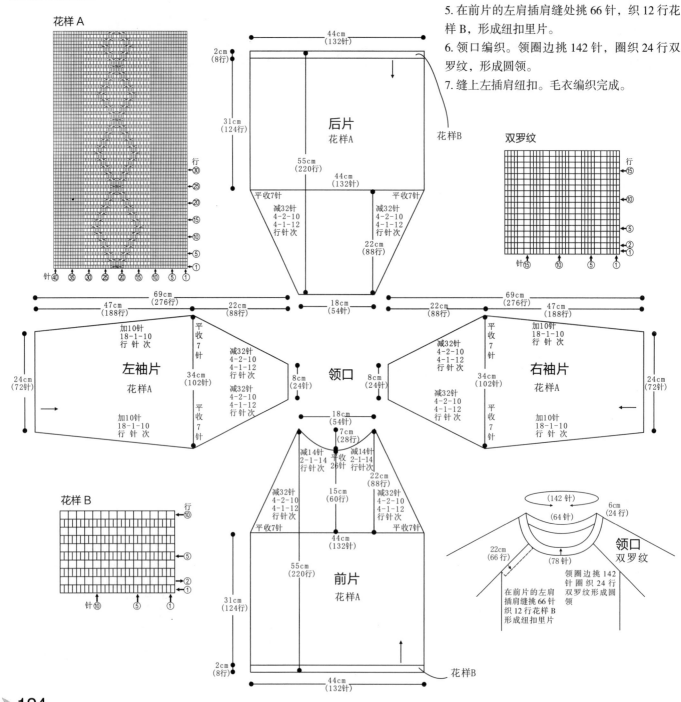

NO.19

【成品尺寸】衣长52cm 胸围86cm
【工 具】12号棒针 缝衣针
【材 料】蓝色羊毛绒线500g 白色线少许
【密 度】10cm² ：30针×40行
【附 件】装饰绳子1根

【制作过程】
毛衣用棒针编织，由1片前片、1片后片组成，从下往上编织。
1.先编织前片。(1)先用下针起针法起130针，先织16cm花样B，并配色，然后改织花样A，侧缝不用加减针，织14cm至袖窿。(2)袖窿以上的编织。袖窿平收6针后减针，方法是：每2行减2针减4次，共减8针，不加不减织80行至肩部。(3)同时从袖窿算起织至12cm时，中间平收2针，并分两边编织，织至3cm时，开始两边领窝减针，方法是：每2行减2针减13次，不加不减织至肩部余24针。

2.编织后片。(1)先用下针起针法起130针，先织16cm花样B，并配色，然后改织花样A，侧缝不用加减针，织14cm至袖窿。(2)袖窿以上的编织。袖窿两边平收6针后减针，方法与前片袖窿一样。(3)同时从袖窿算起织至18cm时，开后领窝，中间平收38针，然后两边减针，方法是：每2行减1针减8次，织至两边肩部余24针。
3.缝合。将前片的侧缝与后片的侧缝对应缝合，前片肩部与后片肩部对应缝合。
4.两边门襟用白色线，合并挑适合针数，织8行花样C，对折缝合，形成双层门襟摺边。
5.领子编织。领圈边用白色线，挑162针，圈织8行花样C，收针断线，形成圆领。
6.两边袖口分别用白色线，挑140针，织8行花样C，收针断线。
7.系上装饰绳子。毛衣编织完成。

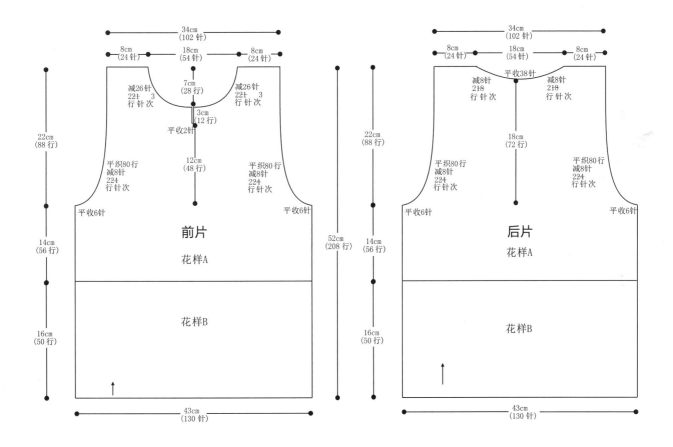

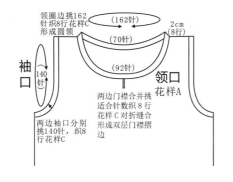

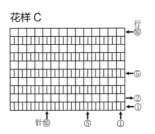

花样C

花样 B

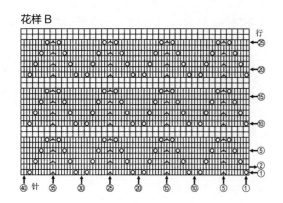

花样 A

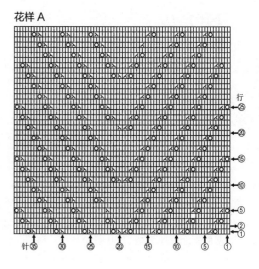

NO.20

【成品尺寸】披肩长 94cm　宽 42cm
【工　　具】12 号棒针　缝衣针
【材　　料】黄色与黑色羊毛绒线各 200g
【密　　度】10cm² ：30 针 ×40 行
【附　　件】钩针花朵 2 朵

【制作过程】
披肩用棒针编织，由一片长方形的织片形成披肩。
1.用下针起针法起 114 针，织花样，织 94cm 收针断线。利用花样的织法形成波浪状。在不是波浪状的那边挑 282 针，织 4cm 全下针，有点卷边。
2.缝上钩针花朵在适合的位置上。披肩编织完成。

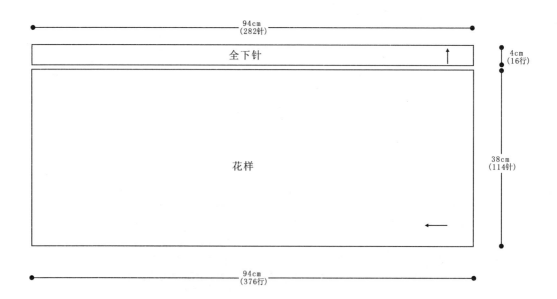

花样

全下针

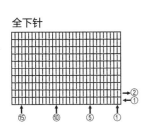
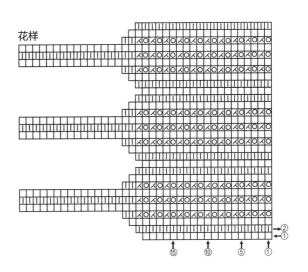

NO.21

【成品尺寸】衣长 54cm　胸围 98cm
【工　　具】10 号棒针　缝衣针
【材　　料】咖啡色段染羊毛绒线 600g
【密　　度】10cm² : 30 针 ×40 行
【附　　件】纽扣 4 枚

【制作过程】

毛衣用棒针编织，由 2 片前片、1 片后片缝合而成，从下往上编织。

1.先编织前片。分右前片和左前片编织。(1) 右前片：用下针起针法起 74 针，先织 4cm 花样 A 后，改织全下针，其中门襟的 12 针一直织花样 A，侧缝不用加减针，织 28cm 至袖窿。(2) 袖窿以上的编织。右侧袖窿平收 5 针后减 12 针，方法是：每织 2 行减 2 针减 6 次，不加不减织 76 行至肩部余 57 针，肩部 30 针平收，剩 27 针留针不收针。(3) 相同的方法、相反的方向编织左前片。

2.编织后片。(1) 用下针起针法起 148 针，先织 4cm 花样 A 后，改织花样 B，侧缝不用加减针，织 28cm 至袖窿。(2) 袖窿以上的编织。两边袖窿平收 5 针后减 12 针，方法是：每织 2 行减 2 针减 6 次，不加不减织 76 行至肩部余 114 针，两边肩部各平收 30 针后，剩 54 针留针不收针。

3.编织袖口。两边袖口分别挑 98 针，织 10 行单罗纹。

4.缝合。将前片的侧缝与后片的侧缝对应缝合，前后片的肩部对应缝合。

5.帽片编织。把前后片的领圈边留针的 108 针合并编织，织 29cm 全下针，其中门襟的 12 针继续织花样 A，作为帽襟，然后顶部 A 与 B 缝合，形成帽子。

6.口袋另织。起 24 针，先织 5cm 全下针后，改织 2cm 单罗纹，收针断线，缝合到前片相应的位置。

7.用缝衣针缝上纽扣，毛衣编织完成。

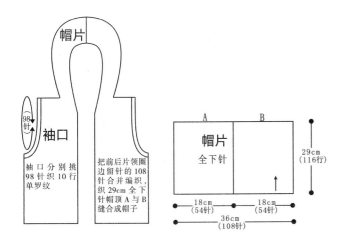

帽片

98针

袖口

袖口分别挑98针织10行单罗纹

把前后片领圈边留针的108针合并编织，织29cm全下针帽顶A与B缝合成帽子

A　　B

帽片

全下针

29cm
(116行)

18cm
(54针)　　18cm
(54针)

36cm
(108针)

单罗纹

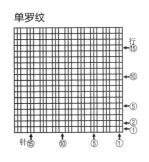

全下针

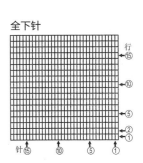

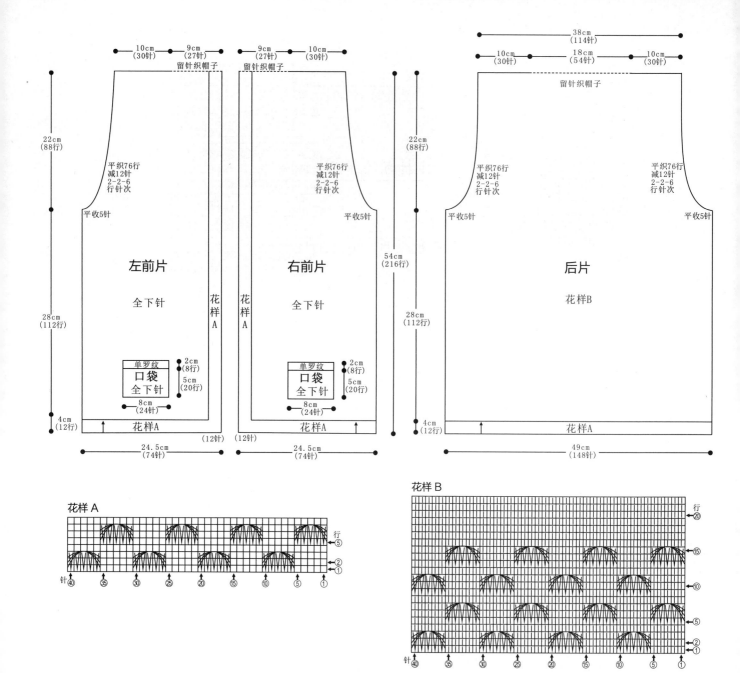

花样A

花样B

双罗纹

NO.22

【成品尺寸】披肩长 108cm　宽 25cm

【工　　具】12 号棒针　缝衣针

【材　　料】灰色羊毛绒线 400g

【密　　度】10cm² ：30 针 ×40 行

【附　　件】纽扣 1 枚

【制作过程】

披肩毛衣用棒针编织，由 1 个长方形缝合而成。

1.用下针起针法起 75 针先织 5cm 双罗纹后，改织花样，织 98cm 后，改织 5cm 双罗纹，收针断线。

2.如图把长方形的 3 个黑点缝合，并缝上纽扣，形成披肩。披肩毛衣编织完成。

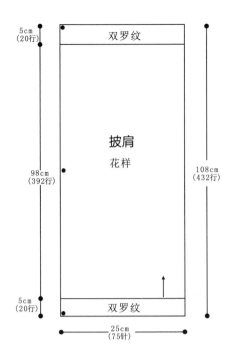

双罗纹

5cm
(20行)

披肩

花样

98cm
(392行)

108cm
(432行)

5cm
(20行)

双罗纹

25cm
(75针)

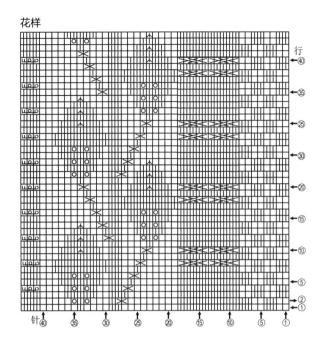

花样

行
←40

←35

←25

←30

←20

←15

←10

←5

←2
←1

针 40   35   30   25   20   15   10   5   1

NO.23

【成品尺寸】衣长75cm 胸围111cm 肩宽34cm 袖长52cm
【工   具】11号棒针 小号钩针
【材   料】灰色马海毛线650g
【密   度】10cm²：22针×27行
【附   件】纽扣5枚

【制作过程】

1. 后片：起128针，织4cm下针，再织4cm花样A，然后与起针合并成双层衣摆，继续织花样A，一边织一边两侧按每14行减1针8次的方法减针，织至48cm的高度，两侧各平收4针，然后按每2行减1针14次的方法减针织成袖窿，织至74cm，中间平收44针，两侧按每2行减1针减2次的方法后领减针，最后两肩部各余下14针，后片共织75cm长。

2. 左前片：起76针，织4cm下针，再织4cm花样A，然后与起针合并成双层衣摆，继续织花样A，一边织一边左侧按每14行减1针8次的方法减针，织至48cm的高度，左侧平收4针，然后按每2行减1针14次的方法减针织成袖窿，织至67cm，右侧平收27针，然后按每2行减1针减9次的方法前领减针，最后肩部余下14针，左前片共织75cm长。注意左前片织至14cm起，每隔13cm留起1个扣眼，共5个扣眼。同样的方法、

相反的方向织右前片。

3. 袖片（2片）：起44针，织4cm下针，再织4cm花样A，然后与起针合并成双层袖口，继续织花样A，一边织一边两侧按每8行加1针加11次的方法加针，织至38cm的高度，两侧各平收4针，然后按每2行减1针减19次的方法减针织成袖山，袖片共织52cm长，最后余下20针。袖底缝合。

4. 领子：沿领口挑起96针织花样A，织21cm长度，向外缝合成双层领。

5. 衣襟：将左、右衣襟侧向内缝合2cm的宽度作为衣襟。缝上纽扣。

6. 口袋：起28针织花样A，织15cm的高度。用小号钩针在口袋片的四周钩1圈花样B，完成后缝合于左右前片图示位置。

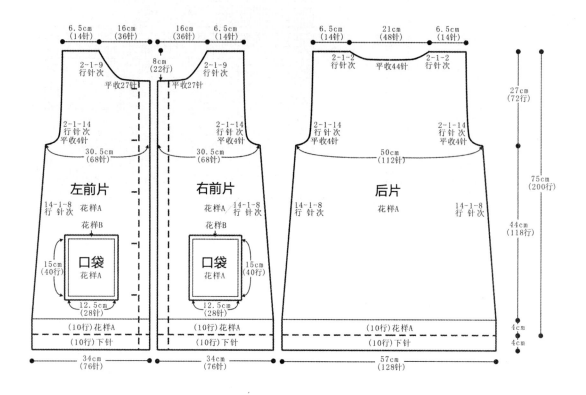

6.5cm (14针)　16cm (36针)　16cm (36针)　6.5cm (14针)　6.5cm (14针)　21cm (48针)　6.5cm (14针)

2-1-9 行针次　8cm (22行)　2-1-9 行针次　2-1-2 行针次　平收44针　2-1-2 行针次

平收27针　平收27针

2-1-14 行针次 平收4针　2-1-14 行针次 平收4针　2-1-14 行针次 平收4针　2-1-14 行针次 平收4针

27cm (72行)

30.5cm (68针)　30.5cm (68针)　50cm (112针)

左前片　右前片　后片

14-1-8 行针次 花样A　花样A 14-1-8 行针次　14-1-8 行针次 花样A 14-1-8 行针次

花样B　花样B

75cm (200行)

44cm (118行)

15cm (40行)　口袋 花样A　口袋 花样A　15cm (40行)

12.5cm (28针)　12.5cm (28针)

(10行)花样A　(10行)花样A　(10行)花样A

(10行)下针　(10行)下针　(10行)下针

4cm　4cm

34cm (76针)　34cm (76针)　57cm (128针)

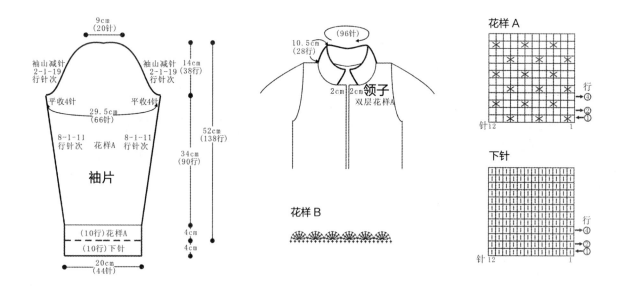

9cm (20针)

袖山减针 2-1-19 行针次　袖山减针 2-1-19 行针次　14cm (38行)

平收4针　平收4针

29.5cm (66针)

8-1-11 行针次　花样A 8-1-11 行针次　52cm (138行)

袖片　34cm (90行)

(10行)花样A

(10行)下针　4cm

20cm (44针)　4cm

(96针)

10.5cm (28行)

2cm 2cm 领子 双层花样A

花样A

行 ④ ② ①　针12　1

花样B

下针

行 ④ ② ①　针12　1

NO.24

【成品尺寸】衣长78cm　胸围88cm　袖长57cm
【工　　具】10号棒针　缝衣针
【材　　料】红色羊毛绒线600g
【密　　度】10cm² : 30针×40行
【附　　件】纽扣3枚

【制作过程】

毛衣用棒针编织，由2片前片、1片后片、2片袖片组成，从下往上编织。

1. 先编织前片。分右前片和左前片编织。(1) 右前片：用下针起针法起90针，先织双层平针底边，对折缝合后，继续织全下针，侧缝不用加减针，织至47cm均匀地打皱褶，剩66针，继续编织8cm至袖窿。(2) 袖窿以上的编织。右侧袖窿平收6针后减6针，方法是：每织2行减1针减6次，不加不减织80行至肩部。(3) 同时从袖窿算起织至14cm时，开始领窝减针，方法是：每2行减2针减10次，每2行减1针减7次，织9cm至肩部余27针。(4) 相同的方法、相反的方向编织左前片。

2. 编织后片。(1) 先分两片编织，用下针起针法起90针，先织双层平针底边，对折缝合后，改织全下针，开口处8针织花样，织14cm留针待用，同样方法对称编织另一片，然后两片合并编织，中间开口处织8行花样，继续编织，侧缝不用加减针，织47cm均匀地打皱褶，剩66针，继续编织32行至袖窿。(2) 袖窿以上的编织。袖窿开始减针，方法与前片袖窿一样。(3) 同时

织至从袖窿算起21cm时，开后领窝，中间平收46针，两边各减4针，方法是：每2行减1针减4次，织至两边肩部余27针。

3. 编织袖片。从袖口织起，用下针起针法起66针，织8cm双罗纹后，改织全下针，袖下加18针，方法是：每8行加1针加18次，编织36cm至袖窿，袖窿平收6针后，开始袖山减针，方法是：两边分别每2行减2针减6次，每2行减1针减20次，编织完13cm后余26针，收针断线。同样方法编织另一片袖片。

4. 缝合。将前片的侧缝与后片的侧缝对应缝合，前后片的肩部对应缝合，再将2片袖片的袖山边线与衣身的袖窿边对应缝合。

5. 帽片编织。领圈边挑162针，织26cm全下针，两边平收66针，中间的30针继续编织22cm，然后A与B缝合、C与D缝合，形成帽子。

6. 门襟编织。两边门襟至帽檐挑348针，织24行单罗纹，右片均匀地开纽扣孔共3个。

7. 用缝衣针缝上纽扣，衣服完成。

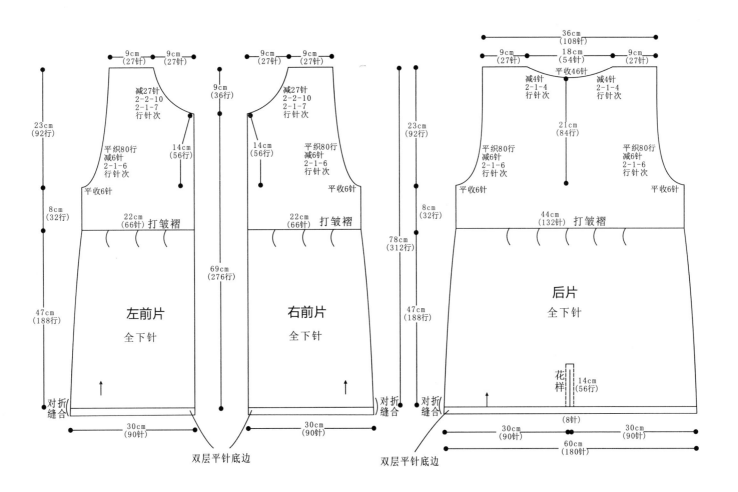

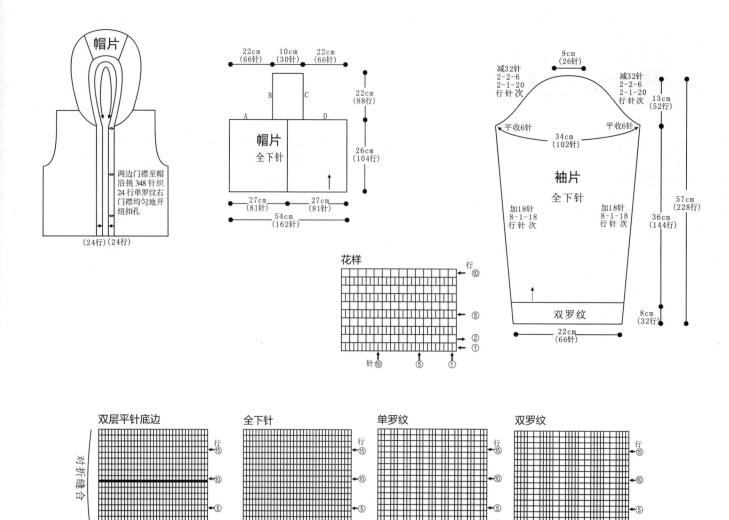

帽片

两边门襟至帽沿挑348针织24行单罗纹右门襟均匀地开纽扣孔

(24行)(24行)

22cm (66针)　10cm (30针)　22cm (66针)

B　C

A　D

帽片 全下针

22cm (88行)

26cm (104行)

27cm (81针)　27cm (81针)

54cm (162针)

减32针 2-2-6 2-1-20 行针次

9cm (26针)

减32针 2-2-6 2-1-20 行针次

平收6针　34cm (102针)　平收6针

袖片 全下针

加18针 8-1-18 行针次

加18针 8-1-18 行针次

双罗纹

22cm (66针)

13cm (52行)

57cm (228行)

36cm (144行)

8cm (32行)

花样

行 ⑩ ⑤ ②①

针 ⑩ ⑤ ①

双层平针底边

对折缝合

行 ⑮ ⑩ ⑤ ②①

针 ⑮ ⑩ ⑤ ①

全下针

行 ⑮ ⑩ ⑤ ②①

针 ⑮ ⑩ ⑤ ①

单罗纹

行 ⑮ ⑩ ⑤ ②①

针 ⑮ ⑩ ⑤ ①

双罗纹

行 ⑮ ⑩ ⑤ ②①

针 ⑮ ⑩ ⑤ ①

NO.25

【成品尺寸】披肩长 114cm

【工　　具】12号棒针　缝衣针

【材　　料】黑色羊毛绒线500g

【密　　度】10cm² ：30针×40行

【附　　件】纽扣3枚　钩针花朵1朵

【制作过程】

披肩毛衣用棒针编织，由2片相同的长方形组成。

1. 用同样的方法织2个长方形，起138针，织花样，织68cm后收针断线。

2. 如图把2个长方形的C与D缝合，并在A与B缝上纽扣，形成披肩。

3. 剪若干条24cm的线段，均匀地系到披肩的下摆处，形成流苏。

4. 缝上钩针花朵。披肩毛衣编织完成。

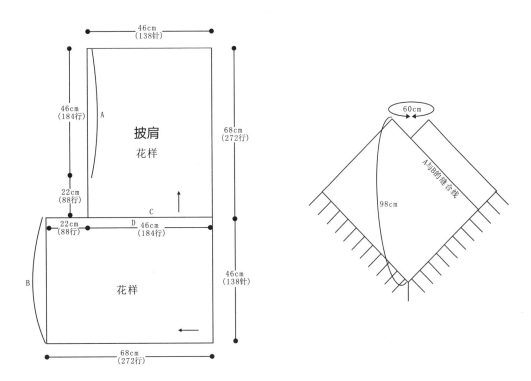

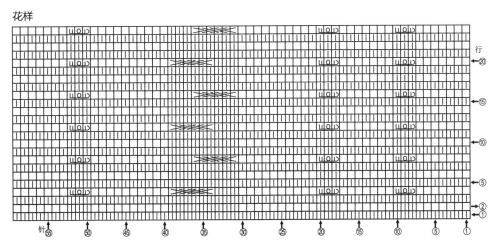

NO.26

【成品尺寸】衣长 60cm　胸围 92cm　肩宽 46cm　袖长 22cm
【工　　具】5 号棒针
【材　　料】灰色纯羊毛线 600g
【密　　度】10cm² ：25 针 ×36 行

【制作过程】

1. 前片：按图起 96 针，织全下针，同时两边衣角加针至 116 针，织至 38cm 时收插肩袖窿，织至 17cm 时同时收领窝，织至肩位余 5 针。

2. 后片：按图起 96 针，织法与前片一样，只是织至 20.5cm 才收领窝。

3. 袖片（2 片）：按图起 90 针，织全下针，两边同时按图示减针收插肩袖山，同样方法织另一片袖片。

4. 将前、后片的肩位、侧缝与袖片全部缝合。

5. 领圈挑 106 针，织 18cm 花样 A，形成高领。口袋另织花样 B，下摆织 372cm 的单罗纹长矩形，与前片缝合，完成。

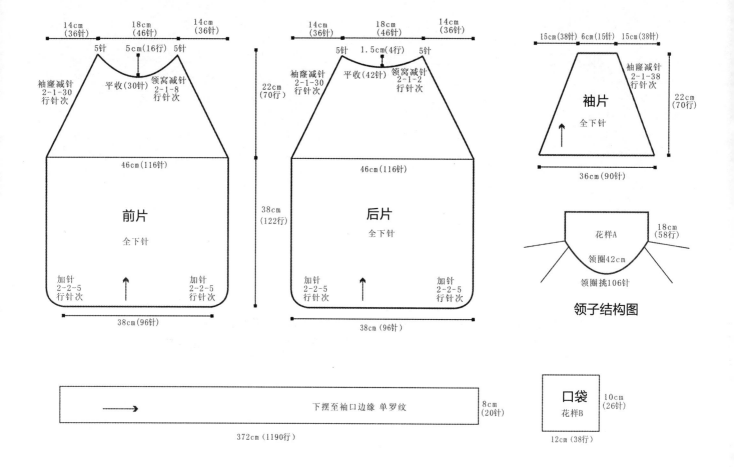

前片 区域：
14cm（36针）　18cm（46针）　14cm（36针）
5针　5cm（16行）　5针
袖窿减针 2-1-30 行针次　平收（30针）　领窝减针 2-1-8 行针次
22cm（70行）
46cm（116针）
前片 全下针
38cm（122行）
加针 2-2-5 行针次　加针 2-2-5 行针次
38cm（96针）

后片 区域：
14cm（36针）　18cm（46针）　14cm（36针）
5针　1.5cm（4行）　5针
袖窿减针 2-1-30 行针次　平收（42针）　领窝减针 2-1-2 行针次
46cm（116针）
后片 全下针
加针 2-2-5 行针次　加针 2-2-5 行针次
38cm（96针）

袖片 区域：
15cm（38针）　6cm（15针）　15cm（38针）
袖窿减针 2-1-38 行针次
袖片 全下针
22cm（70行）
36cm（90针）

领子结构图：
花样A
18cm（58行）
领圈42cm
领圈挑106针

下摆至袖口边缘 单罗纹
8cm（20针）
372cm（1190行）

口袋 花样B
10cm（26针）
12cm（38行）

全下针
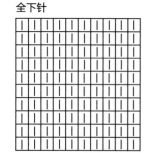

单罗纹
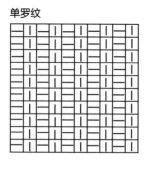

花样A
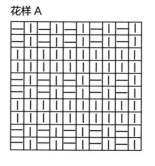

花样B
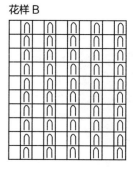

NO.27

【成品尺寸】衣长 70cm　胸围 82cm　袖长 57cm
【工　　具】12 号棒针　缝衣针　钩针
【材　　料】浅灰色与米色羊毛绒线各 300g
【密　　度】10cm² ：30 针 ×40 行
【附　　件】纽扣 4 枚

【制作过程】

毛衣用棒针编织，由 2 片前片、1 片后片、2 片袖片组成，从下往上编织。

1. 先编织前片。分右前片和左前片编织。右前片：(1) 先用下针起针法起 62 针，先织 10cm 双罗纹后，改织花样，侧缝不用加减针，织 40cm 至袖窿。(2) 袖窿以上的编织。袖窿平收 5 针后减针，方法是：每 2 行减 1 针减 3 次，共减 3 针，不加不减织 74 行至肩部。(3) 同时开始领窝减针，方法是：每 4 行减 2 针减 7 次，每 4 行减 1 针减 13 次，织 20cm 至肩部余 27 针。(4) 相同的方法、相反的方向编织左前片。

2. 编织后片。(1) 先用下针起针法起 124 针，先织 10cm 双罗纹后，改织花样，侧缝不用加减针，织 40cm 至袖窿。(2) 袖窿以上的编织。袖窿两边平收 5 针后减针，方法与前片袖窿一样。(3) 同时从袖窿算起织至 20cm 时，开后领窝，中间平收 42 针，然后

两边减针，方法是：每 2 行减 1 针减 6 次，织至两边肩部余 27 针。

3. 编织袖片。(1) 从袖口织起，用下针起针法起 66 针，先织 5cm 双罗纹后，改织花样，袖下加针，方法是：每 8 行加 1 针加 18 次，编织 39cm 至袖窿。 (2) 袖窿两边平收 5 针后，开始袖山减针，方法是：每 2 行减 2 针减 6 次，每 2 行减 1 针减 20 次，共减 32 针，编织完 13cm 后余 28 针，收针断线。同样方法编织另一片袖片。

4. 缝合。将前片的侧缝与后片的侧缝对应缝合，前片肩部与后片肩部对应缝合，再将 2 片袖片的袖下缝合后，袖山边线与衣身的袖窿边对应缝合。

5. 门襟编织。两边门襟至领圈挑 474 针，织 12 行双罗纹。

6. 缝上纽扣，领圈用钩针钩织花边。毛衣编织完成。

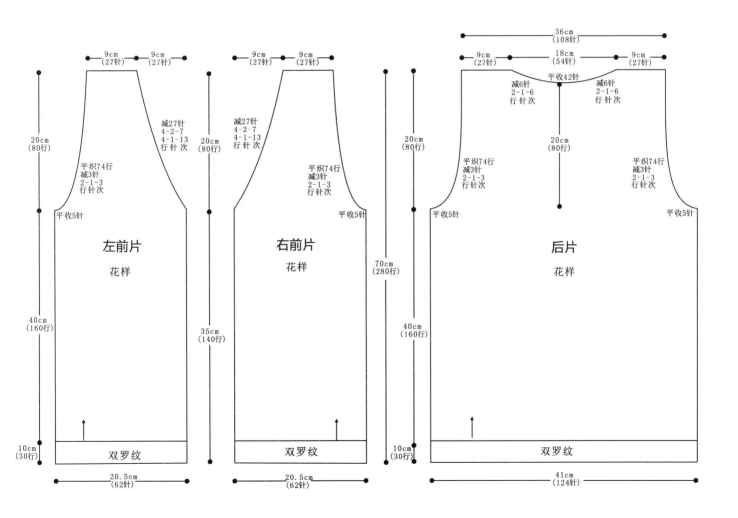

左前片　花样

右前片　花样

后片　花样

双罗纹

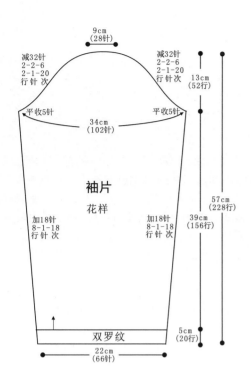

9cm
(28针)

减32针
2-2-6
2-1-20
行针次

减32针
2-2-6
2-1-20
行针次

13cm
(52行)

平收5针   平收5针

34cm
(102针)

袖片
花样

57cm
(228行)

39cm
(156行)

加18针
8-1-18
行针次

加18针
8-1-18
行针次

5cm
(20行)

双罗纹

22cm
(66针)

花样

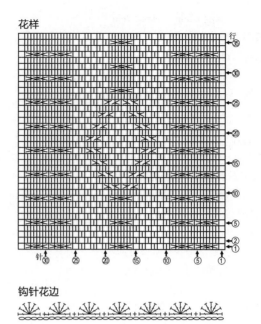

行

针

钩针花边

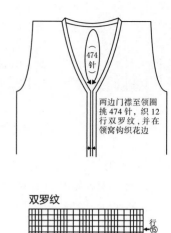

474
针

两边门襟至领圈
挑474针，织12
行双罗纹，并在
领窝钩织花边

双罗纹

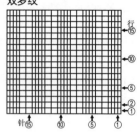

行

针

NO.28

【成品尺寸】衣长70cm　胸围100cm　肩宽39.5cm　袖长54cm
【工　　具】11号棒针
【材　　料】灰色棉线650g
【密　　度】10cm²：19针×23行
【附　　件】纽扣4枚

【制作过程】

1. 衣摆片：起203针，织双罗纹，织至6cm，两侧各织6针搓板针作为衣襟，中间改织花样A、花样B与下针组合编织，如结构图所示，织至18cm的高度，将织片分开成3片分别编织，中间部分取93针，两侧部分各取55针编织，织至37cm，3片连起来编织，织至47cm的高度，将织片分成左、右前片和后片分别编织。

2. 后片：分配织片中间93针到棒针上，继续织组合花样，起织时两侧各平收4针，然后按每2行减1针减5次的方法减针织成袖窿，织至70cm，中间留起41针不织，两侧肩部各余下17针，收针，后片共织70cm长。

3. 左前片：取55针，继续组合花样编织，起织时右侧平收4针，然后按每2行减1针减5次的方法减针织成袖窿，织至66cm，左侧平收19针后，按每2行减2针减5次的方法减针织成前领，

最后肩部余下17针，收针，左前片共织70cm长。同样的方法、相反方向编织右前片。

4. 袖片（2片）：起38针，织双罗纹，织6cm，改织花样A与下针组合编织，如结构图所示，一边织一边按每8行加1针加10次的方法两侧加针，织至41cm的高度，两侧各平收4针，然后按每2行减1针减15次的方法袖山减针，袖片共织54cm长，最后余下20针。袖底缝合。

5. 领子：沿领圈挑起93针，织花样A、花样B、下针、搓板针组合编织，织26cm的长度，按图示将帽顶缝合。

6. 口袋：沿衣身前片留起的袋口挑起24针，织下针，织13cm的长度，袋底缝合。沿袋口外侧挑起24针，织双罗纹，织6行的长度，作为袋口边。

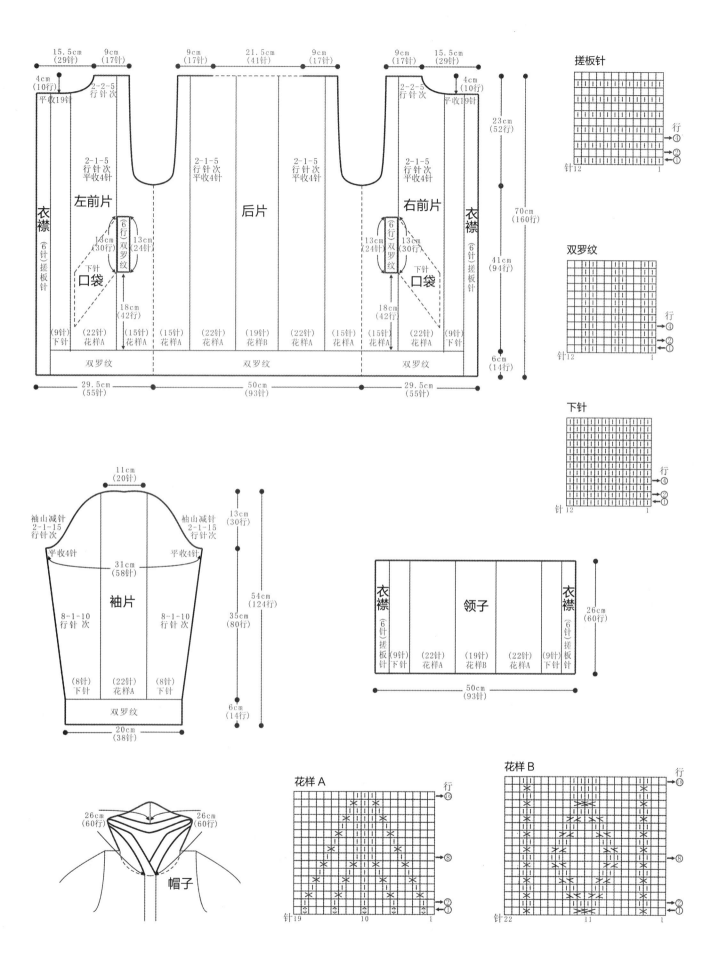

15.5cm (29针)　9cm (17针)　　9cm (17针)　21.5cm (41针)　9cm (17针)　　9cm (17针)　15.5cm (29针)

4cm (10行)
平收19针　2-2-5 行针次

2-1-5 行针次 平收4针

23cm (52行)

左前片　　后片　　右前片

衣襟 (6针)搓板针

13cm (30行)　(6行) 双罗纹　13cm (24行)

70cm (160行)

41cm (94行)

口袋　　　　　　　　　下针　　口袋

衣襟 (6针)搓板针

18cm (42行)

(9针)下针　(22针)花样A　(15针)花样A　(15针)花样A　(22针)花样A　(19针)花样B　(22针)花样A　(15针)花样A　(15针)花样A　(22针)花样A　(9针)下针

6cm (14行)

双罗纹　　双罗纹　　双罗纹

29.5cm (55针)　50cm (93针)　29.5cm (55针)

搓板针
行
④
②①
针12　　　　　　1

双罗纹
行
④
②①
针12　　　　　1

下针
行
④
②①
针12　　　　　1

11cm (20针)

袖山减针 2-1-15 行针次　　袖山减针 2-1-15 行针次

平收4针　　平收4针

31cm (58针)

13cm (30行)

袖片

54cm (124行)

8-1-10 行针次　　8-1-10 行针次

35cm (80行)

(8针)下针　(22针)花样A　(8针)下针

6cm (14行)

双罗纹

20cm (38针)

衣襟 (6针)搓板针　领子　衣襟 (6针)搓板针

(9针)下针　(22针)花样A　(19针)花样B　(22针)花样A　(9针)下针

26cm (60行)

50cm (93针)

26cm (60行)　26cm (60行)

帽子

花样A
行
⑯
⑧
②①
针19　　10　　　1

花样B
行
⑯
⑧
②①
针22　　11　　1

137

NO.29

【成品尺寸】衣长57cm　胸围86cm　连肩袖长13cm
【工　　具】10号棒针　缝衣针
【材　　料】绿色羊毛绒线500g
【密　　度】10cm²：30针×40行
【附　　件】纽扣5枚

【制作过程】

毛衣用棒针编织，由2片前片、1片后片、2片袖片组成，从下往上编织。

1.先编织前片。(1)左前片。用下针起针法起65针，先织2cm花样A，然后改织花样B，其中门襟留18针继续织花样A，侧缝不用加减针，织42cm至插肩袖窿。(2)袖窿以上的编织。袖窿平收6针后减32针，方法是：每2行减2针减6次，每2行减1针减20次，织13cm至肩部。不用领窝减针，织至肩部余27针，同样方法编织右前片。

2.编织后片。(1)用下针起针法起130针，先织2cm花样A后，改织花样B，侧缝不用加减针，织42cm至插肩袖窿。(2)袖窿以上的编织。两边袖窿平收6针后减32针，方法是：每2行减2针减6次，每2行减1针减20次。领窝不用减针，织13cm至肩部余54针。

3.编织袖片。用下针起针法起91针，织花样A，两边插肩减32针，方法是：每2行减2针减6次，每2行减1针减20次，

至肩部余27针，同样方法编织另一片袖片。

4.缝合。将前片的侧缝与后片的侧缝对应缝合。袖片的袖下分别缝合，袖片的插肩部与衣片的插肩部缝合。

5.领片编织。领圈边不用编织，自然形成开襟圆领。

6.装饰：缝上纽扣。毛衣编织完成。

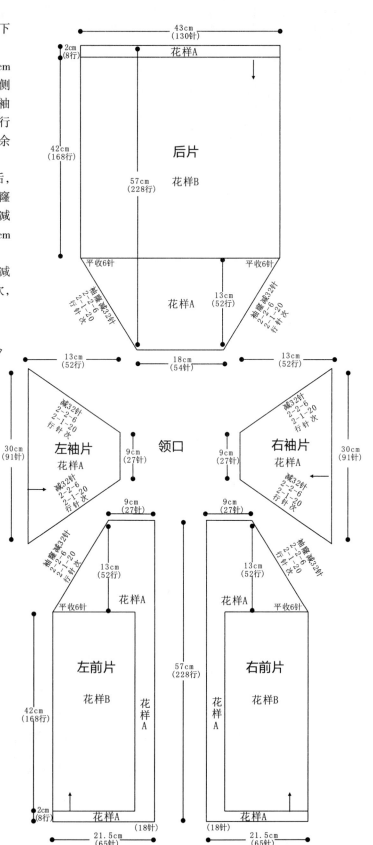

领口

领口不用编织
自然形成领口

花样B

●＝ ⑤

花样A

NO.30

【成品尺寸】衣长 76cm　下摆 80cm　连肩袖长 67cm
【工　　具】10 号棒针 4 支　缝衣针 1 支
【材　　料】橙红色段染羊毛绒线 600g
【密　　度】10cm² : 30 针 ×40 行

【制作过程】

毛衣用棒针编织，由 1 片前片、1 片后片、2 片袖片组成，从下往上编织。

1. 先编织前片。(1) 用下针起针法起 120 针，先织 6cm 双罗纹后，改织花样，侧缝不用加减针，织 48cm 至插肩袖窿。(2) 袖窿以上的编织。袖窿平收 4 针后减 32 针，方法是：每 4 行减 2 针减 10 次，每 4 行减 1 针减 12 次，织 22cm 至肩部。(3) 同时从插肩袖窿算起，织至 15cm 时，开始领窝减针，中间平收 20 针，然后两边减 14 针，方法是：每 2 行减 1 针减 14 次，织至肩部全部针数收完。

2. 编织后片。(1) 用下针起针法起 120 针，先织 6cm 双罗纹后，改织全下针，侧缝不用加减针，织 48cm 至插肩袖窿。(2) 袖窿以上的编织。两边袖窿平收 4 针后减 32 针，方法是：每 4 行减 2 针减 10 次，每 4 行减 1 针减 12 次。领窝不用减针，织 22cm 至肩部余 48 针。

3. 编织袖片。用下针起针法起 66 针，先织 6cm 双罗纹后，改织全下针，两边袖下加针，方法是：每 10 行加 1 针加 15 次，织至 39cm 时，开始两边平收 5 针后，插肩减 32 针，方法是：每 4 行减 2 针减 10 次，每 4 行减 1 针减 12 次，至肩部余 22 针，同样方法编织另一片袖片。

4. 缝合。将前片的侧缝与后片的侧缝对应缝合。袖片的袖下分别缝合，袖片的插肩部与衣片的插肩部缝合。

5. 领片编织。领圈边挑 142 针，织 6cm 双罗纹，形成圆领。毛衣编织完成。

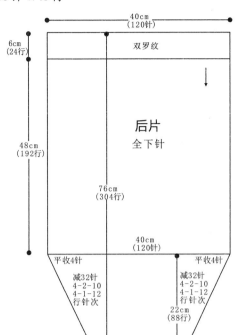

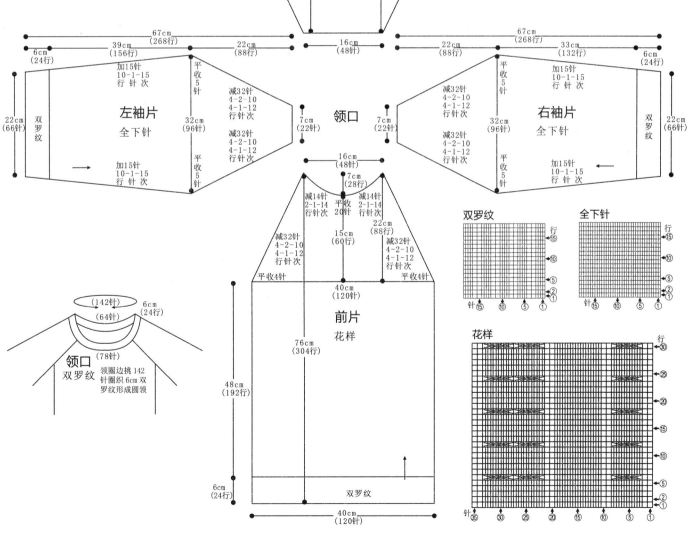

NO.31

【成品尺寸】衣长 74cm　胸围 80cm　肩宽 36cm　袖长 50cm
【工　　具】12 号棒针
【材　　料】紫红色马海毛线 650g
【密　　度】10cm² : 28 针 × 33 行

【制作过程】

1. 后片：起 110 针，织花样 A，织 37cm 的高度，改织双罗纹，织至 44cm，改织上针，织至 51cm，两侧各平收 4 针，然后按每 2 行减 1 针减 6 次的方法减针织成袖窿，织至 72cm，中间平收 44 针，两侧按每 2 行减 1 针减 3 次的方法后领减针，最后两肩部各余下 20 针，后片共织 74cm 长。

2. 前片：起 110 针，织花样 A，织 37cm 的高度，改织双罗纹，织至 44cm，改为花样 B、花样 C 与上针组合编织，织至 51cm，两侧各平收 4 针，然后按每 2 行减 1 针减 6 次的方法减针织成袖窿，织至 62cm，中间平收 20 针，两侧每 2 行减 2 针减 3 次，每 2 行减 1 针减 9 次的方法前领减针，最后两肩部各余下 20 针，前片共织 74cm 长。

3. 袖片：起 46 针，织花样 A，一边织一边按每 8 行加 1 针加 16 次的方法两侧加针，加起的针数织下针，织至 40cm 的高度，两侧各平收 4 针，然后按每 2 行减 1 针减 17 次的方法袖山减针，袖片共织 50cm 长，最后余下 36 针。袖底缝合。

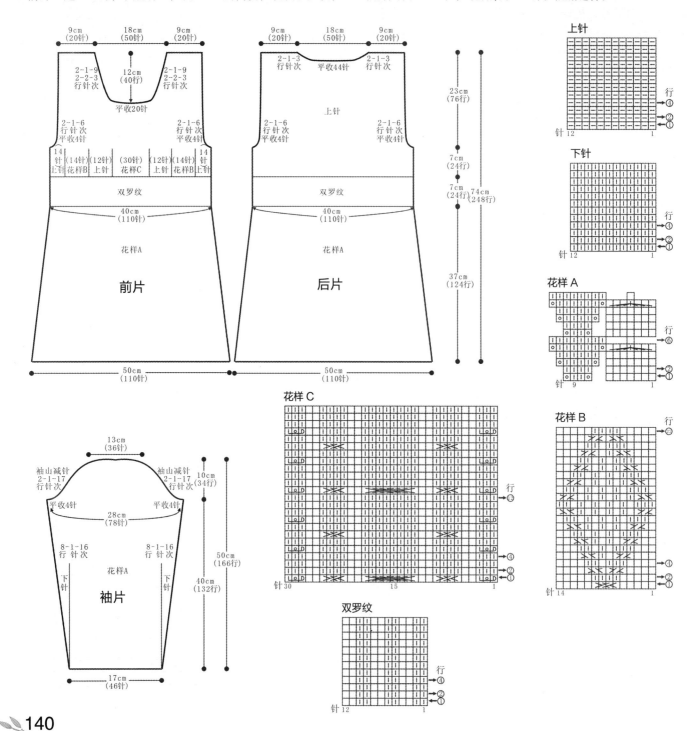

NO.32

【成品尺寸】衣长 48cm　胸围 70cm　袖长 32cm
【工　　具】12 号棒针　缝衣针
【材　　料】浅灰色羊毛绒线 500g
【密　　度】10cm² ：30 针 × 40 行

【制作过程】

毛衣用棒针编织，由 2 片前片、1 片后片、2 片袖片组成，从下往上编织。

1. 先编织前片。分右前片和左前片编织。右前片：(1) 先用下针起针法起 52 针，先织 4cm 花样 B 后，改织花样 A，侧缝不用加减针，织 24cm 至袖窿。(2) 袖窿以上的编织。袖窿平收 4 针后减针，方法是：每 2 行减 1 针减 6 次，共减 6 针，不加不减织 68 行至肩部。(3) 同时从袖窿算起织至 15cm 时，门襟平收 5 针后，开始领窝减针，方法是：每 2 行减 1 针减 16 次，不加不减织至肩部余 21 针。(4) 相同的方法、相反的方向编织左前片。

2. 编织后片。(1) 先用下针起针法起 104 针，先织 4cm 花样 B 后，改织花样 A，侧缝不用加减针，织至 24cm 至袖窿。(2) 袖窿以上的编织。袖窿两边平收 4 针后减针，方法与前片袖窿一样。(3) 同时从袖窿算起织至 18cm 时，开后领窝，中间平收 34 针，然后两边减针，方法是：每 2 行减 1 针减 4 次，织至两边肩部余 21 针。

3. 编织袖片。(1) 从袖口织起，用下针起针法起 66 针，先织 16 行花样 B 后，改织花样 A，袖下加针，方法是：每 2 行加 1 针加 18 次，编织 15cm 至袖窿。(2) 袖窿两边平收 4 针后，开始袖山减针，方法是：每 2 行减 2 针减 6 次，每 2 行减 1 针减 20 次，共减 32 针，编织完 13cm 后余 30 针，收针断线。同样方法编织另一片袖片。

4. 缝合。将前片的侧缝与后片的侧缝对应缝合，前片肩部与后片肩部对应缝合，再将 2 片袖片的袖下缝合后，袖山边线与衣身的袖窿边对应缝合。

5. 领子编织。领圈边不用编织，自然形成圆领。毛衣编织完成。

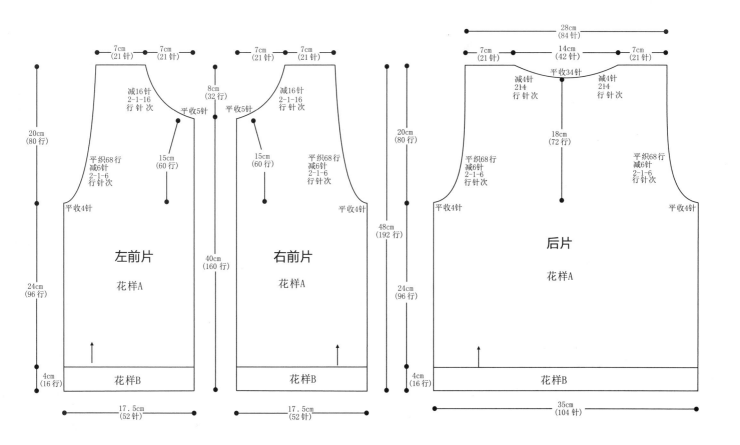

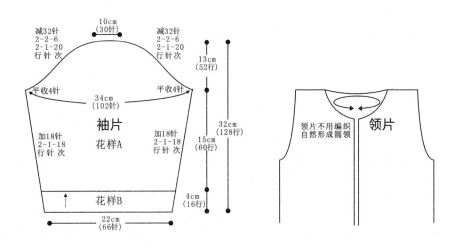

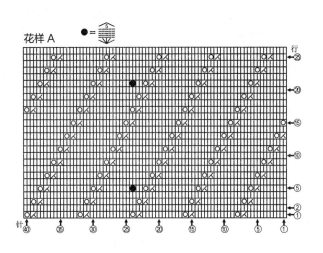

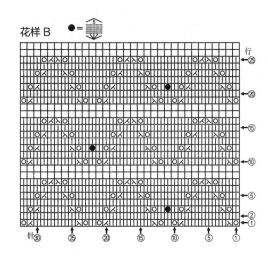

NO.33

【成品尺寸】衣长43cm　胸围86cm　袖长56cm
【工　　具】12号棒针　缝衣针
【材　　料】薄荷绿羊毛绒线500g
【密　　度】10cm²：30针×40行

【制作过程】

毛衣用棒针编织，由2片前片、1片后片、2片袖片组成，从下往上编织。

1.先编织前片。分右前片和左前片编织。右前片：(1)先用下针起针法起64针，先织3cm单罗纹后，改织花样A，侧缝不用加减针，织20cm至袖窿。(2)袖窿以上的编织。袖窿平收5针后减针，方法是：每2行减1针减5次，共减5针，不加不减织70行至肩部。(3)同时从袖窿算起织至12cm时，门襟平收7针后，开始领窝减针，方法是：每2行减2针减4次，每2行减1针减12次，不加不减织至肩部余27针。(4)相同的方法、相反的方向编织左前片。

2.编织后片。(1)先用下针起针法起128针，先织3cm单罗纹后，改织花样A，侧缝不用加减针，织20cm至袖窿。(2)袖窿以上的编织。袖窿两边平收5针后减针，方法与前片袖窿一样。

(3)同时从袖窿算起织至20cm时，开后领窝，中间平收42针，然后两边减针，方法是：每2行减1针减6次，织至两边肩部余27针。

3.编织袖片。(1)从袖口织起，用下针起针法起66针，先织3cm单罗纹后，改织花样A，袖下加针，方法是：每6行加1针加18次，编织40cm至袖窿。(2)袖窿两边平收5针后，开始袖山减针，方法是：每2行减2针减6次，每2行减1针减20次，共减32针，编织完13cm后余28针，收针断线。同样方法编织另一片袖片。

4.缝合。将前片的侧缝与后片的侧缝对应缝合，前片肩部与后片肩部对应缝合，再将2片袖片的袖下缝合后，袖山边线与衣身的袖窿边对应缝合。

5.门襟编织。两边门襟分别挑106针，织8行花样B。

6.领子编织。领圈边挑130针，织8行单罗纹，收针断线，形成圆领。

7.缝上纽扣。毛衣编织完成。

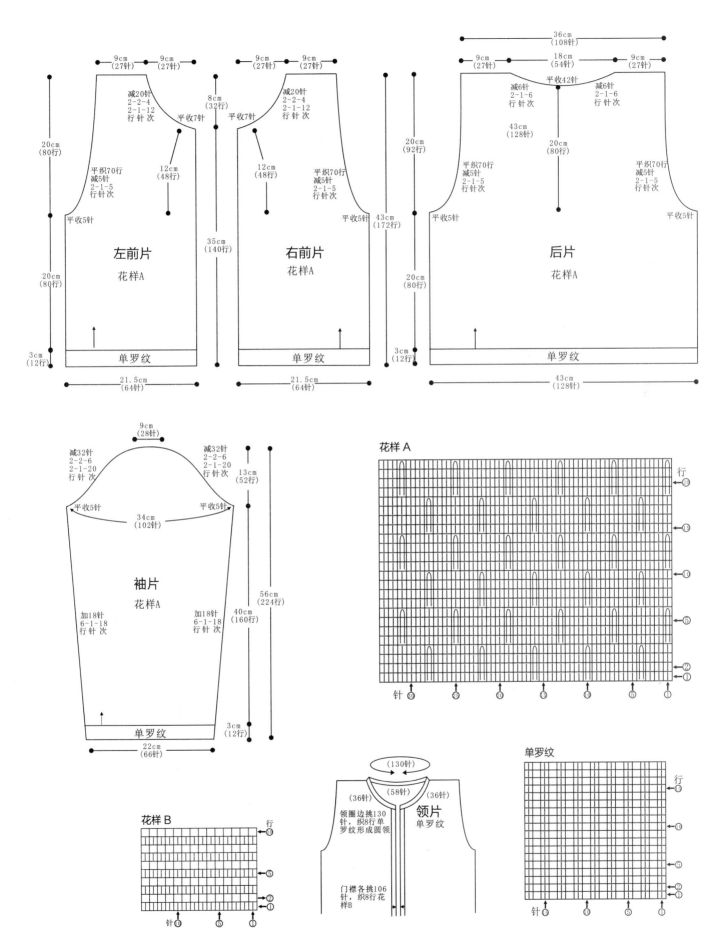

9cm
(27针)
9cm
(27针)

减20针
2-2-4
2-1-12
行 针 次

平收7针

8cm
(32针)

12cm
(48行)

20cm
(80行)

平织70行
减5针
2-1-5
行针次

平收5针

左前片
花样A

20cm
(80行)

3cm
(12行)

单罗纹

21.5cm
(64针)

35cm
(140行)

9cm
(27针)
9cm
(27针)

减20针
2-2-4
2-1-12
行 针 次

平收7针

12cm
(48行)

平织70行
减5针
2-1-5
行针次

平收5针

右前片
花样A

单罗纹

21.5cm
(64针)

43cm
(172行)

36cm
(108针)

9cm
(27针)
18cm
(54针)
9cm
(27针)

平收42针

减6针
2-1-6
行 针次

减6针
2-1-6
行 针次

43cm
(128行)

20cm
(92行)

20cm
(80行)

平织70行
减5针
2-1-5
行针次

平织70行
减5针
2-1-5
行针次

平收5针

平收5针

后片
花样A

20cm
(80行)

3cm
(12行)

单罗纹

43cm
(128针)

9cm
(28针)

减32针
2-2-6
2-1-20
行 针 次

减32针
2-2-6
2-1-20
行 针 次

平收5针

平收5针

34cm
(102针)

13cm
(52行)

袖片
花样A

加18针
6-1-18
行针次

加18针
6-1-18
行针次

56cm
(224行)

40cm
(160行)

3cm
(12行)

单罗纹

22cm
(66针)

花样 A

行

⑳

⑮

⑩

⑤

②
①

针 ㉚ ㉕ ⑳ ⑮ ⑩ ⑤ ①

花样 B

行
⑩

⑤

②
①

针 ⑩ ⑤ ①

(130针)

(58针)

(36针)

(36针)

领圈边挑130
针，织8行单
罗纹形成圆领

领片
单罗纹

门襟各挑106
针，织8行花
样B

单罗纹

行
⑮

⑩

⑤

②
①

针 ⑮ ⑩ ⑤ ①

143

NO.34

【成品尺寸】披肩长 115cm　宽 45cm
【工　具】12 号棒针　缝衣针
【材　料】黑色羊毛绒线 500g
【密　度】10cm² : 30 针 ×40 行

【制作过程】
披肩毛衣用棒针编织，由 1 个长方形缝合而成。
1. 用下针起针法起 135 针，织花样，织 115cm 后收针断线。
2. 如图把长方形的 A 与 B 缝合，形成披肩。
3. 剪若干条 24cm 的线段，均匀地系到披肩的下摆处，形成流苏。披肩毛衣编织完成。

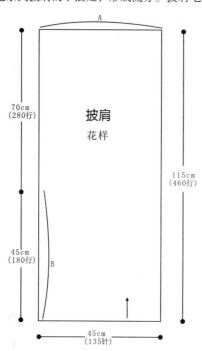

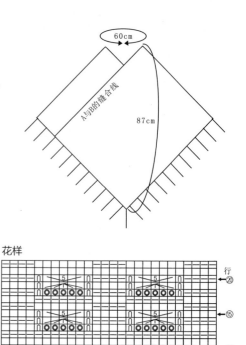

花样

NO.35

【成品尺寸】衣长 71cm　胸围 114cm　袖长 55cm
【工　具】10 号棒针　缝衣针
【材　料】咖啡色羊毛绒线 600g
【密　度】10cm² : 30 针 ×40 行
【附　件】纽扣 5 枚

【制作过程】
毛衣用棒针编织，由 2 片前片、1 片后片、2 片袖片组成，从下往上编织。
1. 先编织前片。分右前片和左前片编织。(1) 右前片：用下针起针法起 86 针，织 6cm 双罗纹后，改织花样 A，侧缝不用加减针，织至 13cm，在中间织 42 针双罗纹袋口，然后把袋口的 42 针平收掉，两边 22 针留着待用，内衣袋另起 42 针织 16cm，与刚才待用的两边 22 针合并，继续编织，织 42cm 至袖窿。(2) 袖窿以上的编织。右侧袖窿平收 6 针后减 12 针，方法是：每织 2 行减 2 针减 6 次，不加不减织 80 行至肩部。(3) 同时从袖窿算起织至 14cm 时，开始领窝减针，方法是：每 2 行减 1 针减 32 次，织 9cm 至肩部余 36 针。(4) 相同的方法、相反的方向编织左前片。

2. 编织后片。(1) 用下针起针法起 172 针，织 6cm 双罗纹后，改织花样 B，侧缝不用加减针，织 42cm 至袖窿。 (2) 袖窿以上的编织。袖窿开始减针，方法与前片袖窿一样。(3) 同时织至从袖窿算起 19cm 时，开后领窝，中间平收 48 针，两边各减 8 针，方法是：每 2 行减 1 针减 8 次，织至两边肩部余 36 针。
3. 编织袖片。从袖口织起，用下针起针法起 66 针，织 8cm 双罗纹后，改织花样 A，袖下加 18 针，方法是：每 6 行加 1 针加 18 次，编织 34cm 至袖窿，袖窿平收 6 针后，开始袖山减针，方法是：两边分别每 2 行减 2 针减 6 次，每 2 行减 1 针减 20 次，编织完 13cm 后余 26 针，收针断线。同样方法编织另一片袖片。
4. 缝合。将前片的侧缝与后片的侧缝对应缝合，前后片的肩部对应缝合，再将 2 片袖片的袖山边线与衣身的袖窿边对应缝合。
5. 帽片编织。领圈边挑 162 针，织 33cm 花样 A，两边平收 66 针，中间的 30 针继续编织 22cm，然后 A 与 B 缝合、C 与 D 缝合，形成帽子。
6. 门襟编织。两边门襟至帽檐挑 570 针，织 6cm 双罗纹，右片均匀地开纽扣孔共 5 个。
7. 用缝衣针缝上纽扣，衣服完成。

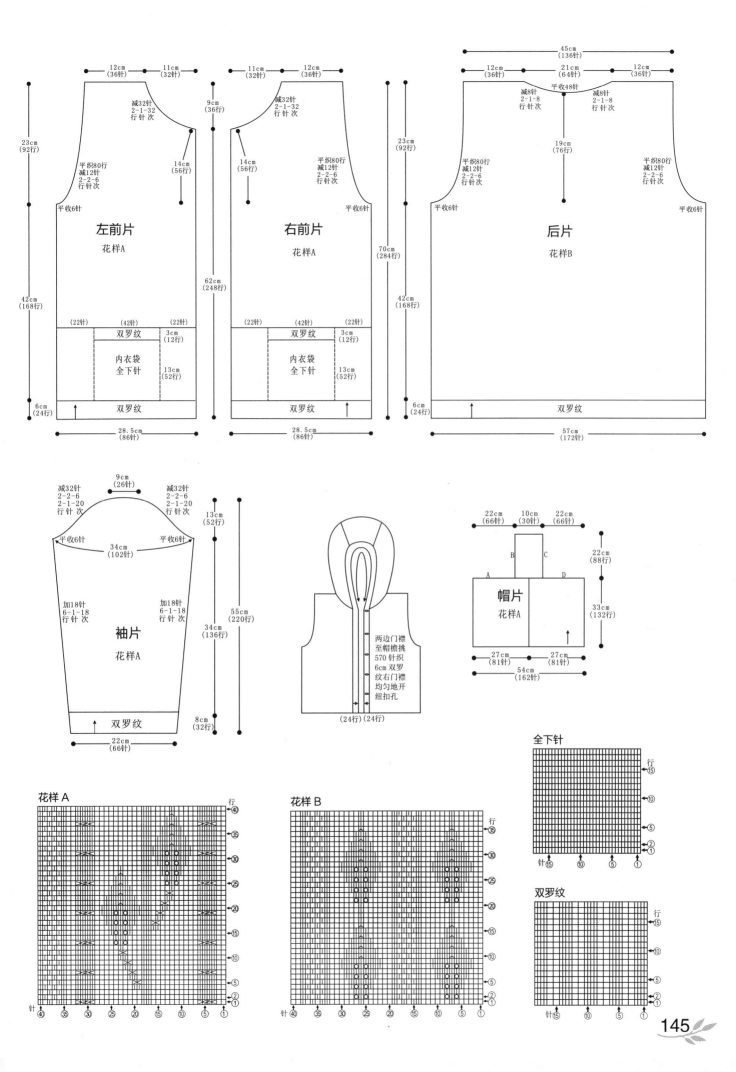

12cm
(36针)
11cm
(32针)
11cm
(32针)
12cm
(36针)
45cm
(136针)

12cm
(36针)
21cm
(64针)
12cm
(36针)

9cm
(36行)

减32针
2-1-32
行针次

减32针
2-1-32
行针次

减8针
2-1-8
行针次
平收48针
减8针
2-1-8
行针次

23cm
(92行)

23cm
(92行)

19cm
(76行)

平织80行
减12针
2-2-6
行针次

14cm
(56行)

14cm
(56行)

平织80行
减12针
2-2-6
行针次

平织80行
减12针
2-2-6
行针次

平织80行
减12针
2-2-6
行针次

平收6针

平收6针

平收6针

平收6针

左前片
花样A

右前片
花样A

后片
花样B

70cm
(284行)

62cm
(248行)

42cm
(168行)

42cm
(168行)

42cm
(168行)

(22针)
(42针)
(22针)

(22针)
(42针)
(22针)

双罗纹
3cm
(12行)

双罗纹
3cm
(12行)

内衣袋
全下针
13cm
(52行)

内衣袋
全下针
13cm
(52行)

6cm
(24行)
双罗纹

6cm
(24行)
双罗纹

6cm
(24行)
双罗纹

28.5cm
(86针)

28.5cm
(86针)

57cm
(172针)

减32针
2-2-6
2-1-20
行针次
9cm
(26针)
减32针
2-2-6
2-1-20
行针次

22cm
(66针)
10cm
(30针)
22cm
(66针)

13cm
(52行)

B
C

22cm
(88行)

平收6针
34cm
(102针)
平收6针

A
D

加18针
6-1-18
行针次

加18针
6-1-18
行针次

55cm
(220行)

帽片
花样A

33cm
(132行)

袖片
花样A

34cm
(136行)

两边门襟
至帽檐挑
570针织
6cm双罗
纹右门襟
均匀地开
纽扣孔

27cm
(81针)
27cm
(81针)

8cm
(32行)
双罗纹

54cm
(162针)

22cm
(66针)

(24行) (24行)

全下针

双罗纹

花样 A

花样 B

NO.36

【成品尺寸】衣长 70cm　胸围 92cm　袖长 54cm
【工　　具】7 号棒针　8 号棒针　绣花针
【材　　料】灰色毛线 1100g
【密　　度】10cm² ： 18 针 ×24 行
【附　　件】纽扣 5 枚

【制作过程】

1.左前片：用 8 号棒针起 40 针，从下往上织 2cm 下针、7cm 花样 A，换 7 号棒针织上针、花样 B，织 38cm 后开挂肩，按图解分别收袖窿、收领子。用相同方法、相反方向织右前片。

2.后片：用 8 号棒针起 82 针，下针与花样 A 织法与前片相同，换 7 号棒针按后片图解编织花样 C 和上针。

3.袖片：用 8 号棒针起 36 针，织法与前片同，按图解收袖山。

4.将前片、后片、袖片缝合并按图解挑门襟，挑领，钉上纽扣。

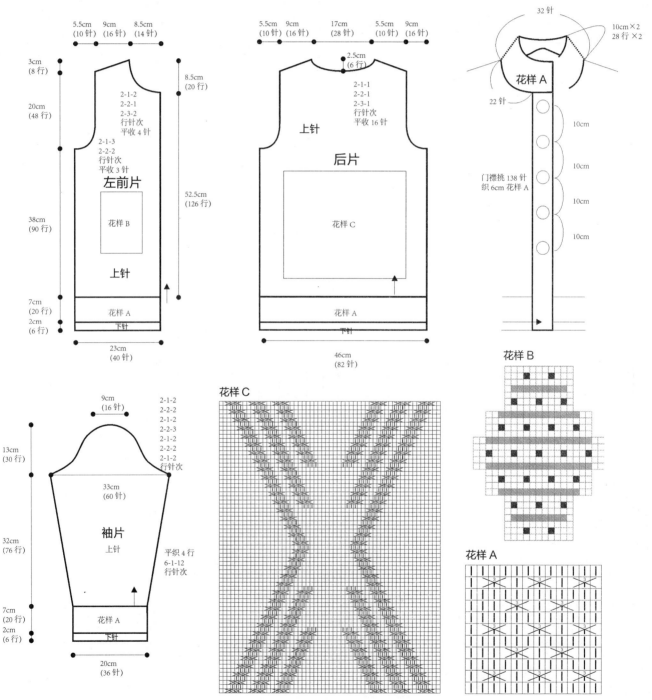

NO.37

【成品尺寸】衣长 65cm　胸围 80cm　袖长 63cm

【工　　具】12 号棒针　缝衣针

【材　　料】灰色羊毛绒线 600g

【密　　度】10cm² ：30 针 ×40 行

【附　　件】纽扣 6 枚

【制作过程】

毛衣用棒针编织，由 2 片前片、1 片后片、2 片袖片组成。从下往上编织。

1. 先编织前片。分右前片和左前片编织。右前片：(1) 用下针起针法起 60 针，先织 1.5cm 全下针，形成卷边，然后改织花样，侧缝不用加减针，织 42cm 至袖窿。(2) 袖窿以上的编织。袖窿平收 4 针后减针，方法是：每 2 行减 1 针减 5 次，共减 5 针，不加不减织 82 行至肩部。(3) 同时从袖窿算起织至 15cm 时，门襟平收 20 针后，开始领窝减针，方法是：每 4 行减 1 针减 7 次，不加不减织至肩部余 24 针。(4) 相同的方法、相反的方向编织左前片。

2. 编织后片。(1) 先用下针起针法起 120 针，先织 1.5cm 全下针，形成卷边，然后改织花样，侧缝不用加减针，织至 42cm 至袖窿。(2) 袖窿以上的编织。袖窿两边平收 4 针后减针，方法与前片袖窿一样。(3) 同时从袖窿算起织至 19cm 时，开后领窝，中间平收 38 针，然后两边减针，方法是：每 2 行减 1 针减 8 次，织至两边肩部余 24 针。

3. 编织袖片。(1) 从袖口织起，用下针起针法起 66 针，先织 1.5cm 全下针后，改织花样，袖下加针，方法是：每 10 行加 1 针加 18 次，编织 50cm 至袖窿。(2) 袖窿两边平收 4 针后，开始袖山减针，方法是：每 2 行减 2 针减 6 次，每 2 行减 1 针减 20 次，各减 32 针，编织完 13cm 后余 30 针，收针断线。同样方法编织另一片袖片。

4. 缝合。将前片的侧缝与后片的侧缝对应缝合，前片肩部与后片肩部对应缝合，再将 2 片袖片的袖下缝合后，袖山边线与衣身的袖窿边对应缝合。

5. 领子编织。领圈边挑 102 针，织 6cm 花样，最后织 1.5cm 全下针，形成卷边，收针断线，形成翻领。

6. 缝上纽扣。毛衣编织完成。

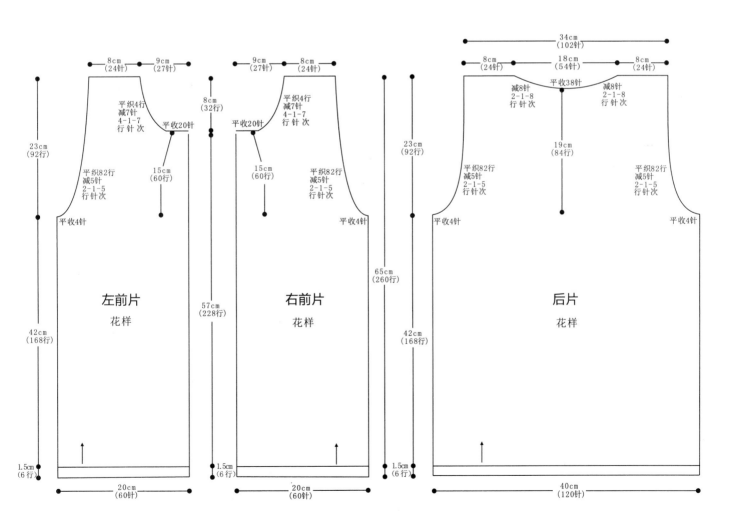

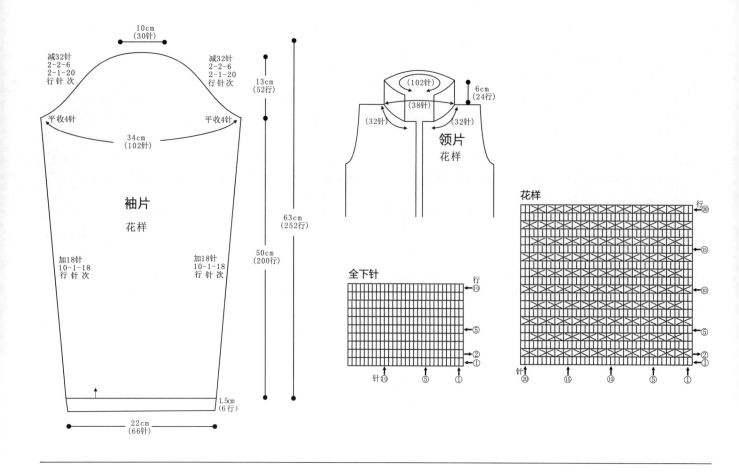

10cm
(30针)

减32针
2-2-6
2-1-20
行针次

减32针
2-2-6
2-1-20
行针次

平收4针

平收4针

34cm
(102针)

13cm
(52行)

袖片

花样

63cm
(252行)

50cm
(200行)

加18针
10-1-18
行针次

加18针
10-1-18
行针次

1.5cm
(6行)

22cm
(66针)

(102针)

(38针)

(32针)

(32针)

6cm
(24行)

领片
花样

全下针

行

花样

行

针

针

NO.38

【成品尺寸】衣长70cm　胸围84cm　袖长58cm
【工　　具】10号棒针　绣花针
【材　　料】灰色棉线900g
【密　　度】10cm² : 17针 × 20行
【附　　件】象牙扣5枚

【制作过程】

1. 后片：起72针,按花样A编织8cm,往上如图按花样B和花样C编织44cm,按袖窿减针织16cm后领减针,
两边各织2cm后收针。

2. 前片：左前片：起29针，按花样A编织8cm，往上如图按花样B和花样C编织44cm，按袖窿减针织
10cm后前领减针，织8cm后收针，对称织出右前片。

3. 袖片：起36针，按花样A编织10cm，按图示上针、花样B和花样C编织并在两边同时加针，按袖下
加针，织35cm后开袖山，进行袖山减针。用相同方法织出另一片袖片。

4. 帽片：按连帽图解编织帽子。

5. 门襟：按图示起8针，织85cm后收针，用相同方法织出另一条门襟。

6. 在左前片、右前片合适位置装上系带孔及钉上纽扣。

花样A

				4
				2
				1
6			2	1

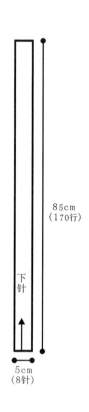

85cm
(170行)

下针

5cm
(8针)

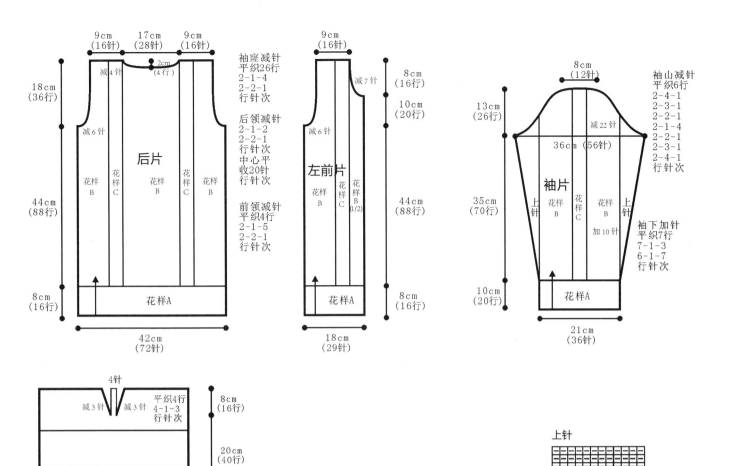

后片 (Back piece)
- 9cm (16针)　17cm (28针)　9cm (16针)
- 减4针　2cm (4行)
- 18cm (36行)
- 减6针
- 花样B　花样C　花样B　花样C　花样B
- 44cm (88行)
- 花样A
- 8cm (16行)
- 42cm (72针)

袖窿减针
平织26行
2-1-4
2-2-1
行针次

后领减针
2-1-2
2-2-1
行针次
中心平
收20针
行针次

前领减针
平织4行
2-1-5
2-2-1
行针次

左前片 (Left front piece)
- 9cm (16针)
- 减7针
- 8cm (16行)
- 10cm (20行)
- 减6针
- 左前片
- 花样B　花样C　花样B(1/2)
- 44cm (88行)
- 花样A
- 8cm (16行)
- 18cm (29针)

袖片 (Sleeve piece)
- 8cm (12针)
- 13cm (26行)
- 减22针
- 36cm (56针)
- 上针　花样B　花样C　花样B　上针
- 35cm (70行)
- 加10针
- 花样A
- 10cm (20行)
- 21cm (36针)

袖山减针
平织6行
2-4-1
2-3-1
2-2-1
2-1-4
2-2-1
2-3-1
2-4-1
行针次

袖下加针
平织7行
7-1-3
6-1-7
行针次

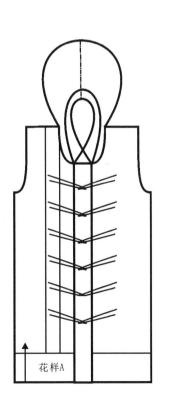

连帽图解
- 4针
- 减3针　减3针
- 平织4行
- 4-1-3
- 行针次
- 8cm (16行)
- 20cm (40行)
- 22针　30针　22针

说明：前领和后领各挑22针、30针、22针。
织15cm后中间4针两侧减3针，每4行减
1针3次，平织4行，帽边缝合。

连帽图解

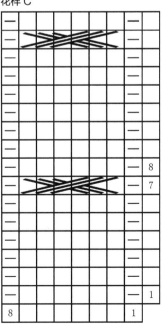

上针
- 行
- ④
- ②
- ①
- 针12　1

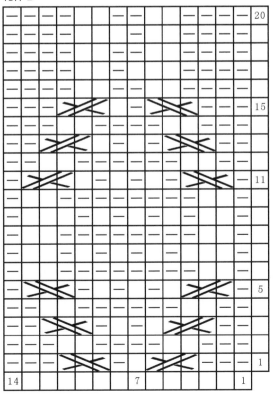

花样A

花样B
- 20
- 15
- 11
- 5
- 1
- 14　7　1

花样C
- 8
- 7
- 1
- 8　1

NO.39

【成品尺寸】衣长 51cm　下摆 108cm
【工　　具】10 号棒针　缝衣针
【材　　料】深褐色羊毛绒线 300g
【密　　度】10cm² ：30 针 × 40 行

【制作过程】

毛衣用棒针编织，为一片式横向编织。

1. 从门襟起织，用下针起针法起 153 针，织退引针法的花样 A，织至外圆 108cm 时收针断线。

2. 领片编织。领圈边挑 102 针，织 8cm 花样 B，形成翻领。

3. 系上毛毛球绳子。毛衣编织完成。

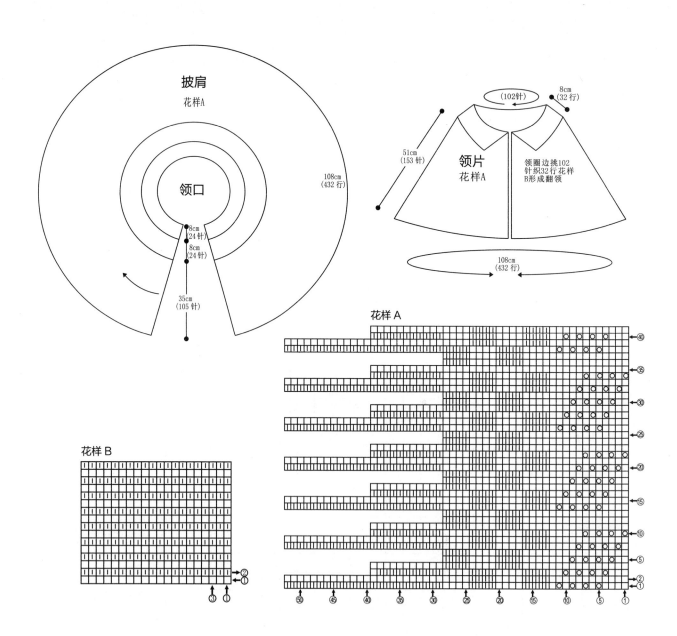

披肩
花样A

领口

108cm
(432 行)

8cm
(24 针)
8cm
(24 针)

35cm
(105 针)

(102针)

8cm
(32 行)

51cm
(153 针)

领片
花样A

领圈边挑102
针织32行花样
B形成翻领

108cm
(432 行)

花样 A

花样 B

NO.40

【成品尺寸】衣长 50cm　胸围 116cm　袖长 53cm
【工　　具】12 号棒针　缝衣针　钩针
【材　　料】浅红色段染羊毛绒线 500g
【密　　度】10cm² : 30 针 ×40 行
【附　　件】纽扣 2 枚

【制作过程】

毛衣用棒针编织，由 1 片前片、1 片后片、2 片袖片组成，从下往上编织。

1.先编织前片。(1) 先用下针起针法起 174 针，先织 2cm 花样后，改织全上针，侧缝不用加减针，织 26cm 至袖窿。(2) 袖窿以上的编织。袖窿平收 7 针后减针，方法是：每 2 行减 2 针减 4 次，共减 8 针，不加不减织 80 行至肩部。(3) 同时从袖窿算起织至 13cm 时，中间平收 36 针后，开始两边领窝减针，方法是：每 2 行减 1 针减 18 次，不加不减织至肩部余 36 针。

2.编织后片。(1) 先用下针起针法起 174 针，先织 2cm 花样后，改织全上针，侧缝不用加减针，织 26cm 至袖窿。(2) 袖窿以上的编织。袖窿两边平收 7 针后减针，方法与前片袖窿一样。(3) 同时从袖窿算起织至 18cm 时，开后领窝，中间平收 56 针，然后两边减针,方法是：每 2 行减 1 针减 8 次，织至两边肩部余 36 针。

3.编织袖片。(1) 从袖口织起，用下针起针法起 66 针，先织 8 行花样后，改织全上针，袖下加针，方法是：每 8 行加 1 针加 18 次，编织 38cm 至袖窿。(2) 袖窿两边平收 7 针后，开始袖山减针，方法是：每 2 行减 2 针减 6 次，每 2 行减 1 针减 20 次，各减 32 针，编织完 13cm 后余 24 针，收针断线。同样方法编织另一片袖片。

4.缝合。将前片的侧缝与后片的侧缝对应缝合，前片肩部与后片肩部对应缝合，再将 2 片袖片的袖下缝合后，袖山边线与衣身的袖窿边对应缝合。

5.领子编织。领圈边挑 162 针，织 2cm 花样，收针断线，形成圆领。

6.用钩针装饰领口，缝上纽扣。毛衣编织完成。

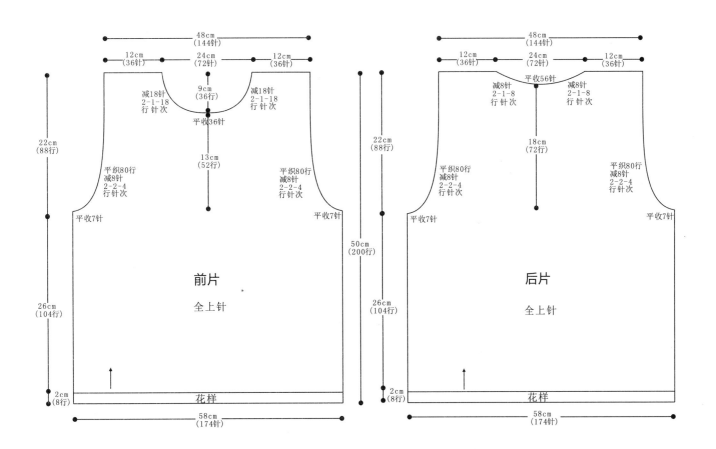

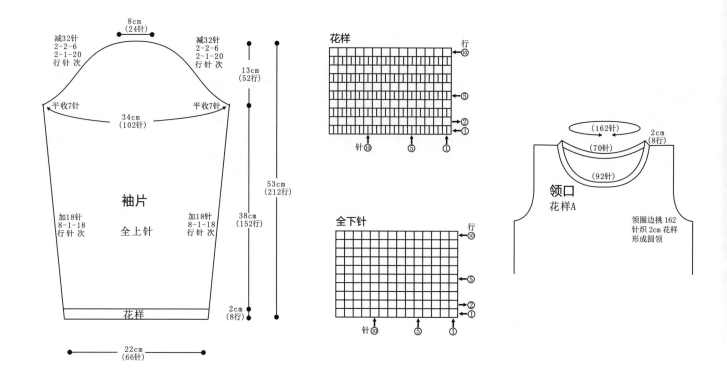

NO.41

【成品尺寸】 衣长 58cm　胸围 76cm　袖长 51cm

【工　　具】 12 号棒针　缝衣针

【材　　料】 灰色羊毛绒线 500g

【密　　度】 10cm² : 30 针 ×40 行

【附　　件】 拉链 1 条

【制作过程】

毛衣用棒针编织，由 2 片前片、1 片后片、2 片袖片组成，从下往上编织。

1. 先编织前片。分右前片和左前片编织。右前片：(1) 先用下针起针法起 57 针，先织 3cm 双罗纹后，改织花样，侧缝不用加减针，织 35cm 至袖窿。(2) 袖窿以上的编织。袖窿平收 4 针后减针，方法是：每 2 行减 1 针减 5 次，共减 5 针，不加不减织 70 行至肩部。(3) 同时从袖窿算起织至 12cm 时，门襟平收 4 针后，开始领窝减针，方法是：每 2 行减 2 针减 4 次，每 2 行减 1 针减 12 次，不加不减织至肩部余 24 针。(4) 相同的方法、相反的方向编织左前片。

2. 编织后片。(1) 先用下针起针法起 114 针，先织 3cm 双罗纹后，改织花样，侧缝不用加减针，织 35cm 至袖窿。(2) 袖窿以上的编织。袖窿两边平收 4 针后减针，方法与前片袖窿一样。(3) 同

时从袖窿算起织至 20cm 时，开后领窝，中间平收 36 针，然后两边减针，方法是：每 2 行减 1 针减 6 次，织至两边肩部余 24 针。

3. 编织袖片。(1) 从袖口织起，用下针起针法起 66 针，先织 3cm 双罗纹后，改织花样，袖下加针，方法是：每 6 行加 1 针加 18 次，编织 35cm 至袖窿。(2) 袖窿两边平收 4 针后，开始袖山减针，方法是：每 2 行减 2 针减 6 次，每 2 行减 1 针减 20 次，共减 32 针，编织完 13cm 后余 30 针，收针断线。同样方法编织另一片袖片。

4. 缝合。将前片的侧缝与后片的侧缝对应缝合，前片肩部与后片肩部对应缝合，再将 2 片袖片的袖下缝合后，袖山边线与衣身的袖窿边对应缝合。领圈边不用编织，自然形成圆领。

5. 缝上拉链。毛衣编织完成。

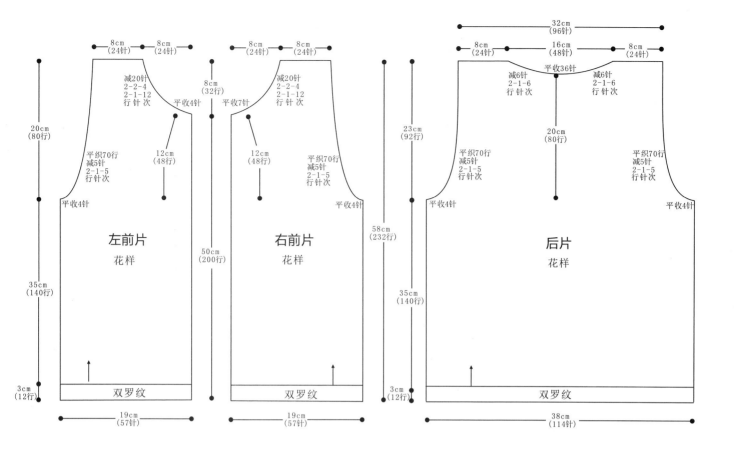

左前片
花样

右前片
花样

后片
花样

8cm
(24针)
8cm
(24针)

减20针
2-2-4
2-1-12
行 针 次

平收4针

平织70行
减5针
2-1-5
行针次

平收4针

20cm
(80行)

35cm
(140行)

3cm
(12行)

12cm
(48行)

19cm
(57针)

8cm
(32行)

50cm
(200行)

8cm
(24针)
8cm
(24针)

减20针
2-2-4
2-1-12
行 针 次

平收7针

12cm
(48行)

平织70行
减5针
2-1-5
行针次

平收4针

19cm
(57针)

32cm
(96针)

8cm
(24针)
16cm
(48针)
8cm
(24针)

平收36针

减6针
2-1-6
行 针 次

减6针
2-1-6
行 针 次

23cm
(92行)

20cm
(80行)

平织70行
减5针
2-1-5
行针次

平织70行
减5针
2-1-5
行针次

平收4针

平收4针

58cm
(232行)

35cm
(140行)

3cm
(12行)

双罗纹

双罗纹

双罗纹

38cm
(114针)

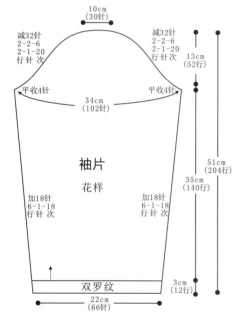

10cm
(30针)

减32针
2-2-6
2-1-20
行 针 次

减32针
2-2-6
2-1-20
行 针 次

平收4针

34cm
(102针)

平收4针

13cm
(52行)

袖片
花样

加18针
6-1-18
行 针 次

加18针
6-1-18
行 针 次

51cm
(204行)

35cm
(140行)

双罗纹

3cm
(12行)

22cm
(66针)

领口

领圈边不用编织
自然形成圆领

花样

行

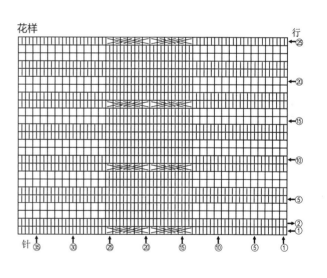

针

双罗纹

行

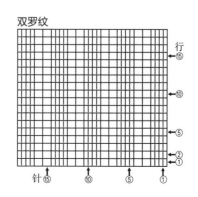

针

153

NO.42

【成品尺寸】披肩长 50cm　宽 50cm
【工　　具】10 号棒针　钩针
【材　　料】黑色羊毛绒线 400g
【密　　度】10cm²：30 针 ×40 行
【附　　件】钩针花 1 朵

【制作过程】

本款是横织披肩。

1. 左边先起 2 针，织花样 A，并在 2 针的两边同时加针，方法是：每 2 行加 1 针加 28 次，至 14cm 时针数为 30 针，不加不减织 40 行单罗纹，改织花样 B，然后两边开始加针，方法是：每 2 行加 2 针加 30 次，织 15cm 时针数为 150 针。

2. 同时织至单罗纹算起 150 行时，织片中间开袖口（平收 66 针后，下一行直加 66 针，形成袖口），继续织 45cm 时，同样方法开另一个袖口。

3. 织片的外侧织至 90cm 时，两边开始减针，方法是：每 2 行减 2 针减 30 次。织 60 行时针数为 30 针，不加不减织 40 行单罗纹后，改织花样 A，并在两边同时减针，方法是：每 2 行减 1 针减 28 次，最后减剩 2 针收针断线。

4. 用钩针钩织一朵花，用于装饰，并钩织花边。披肩编织完成。

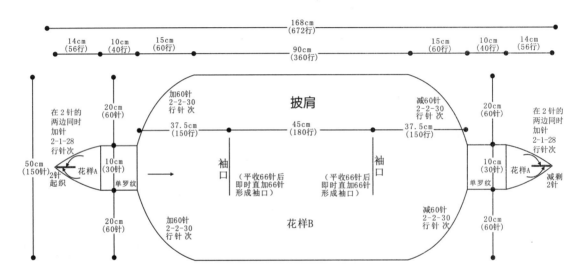

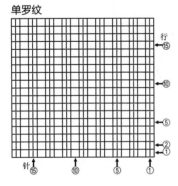

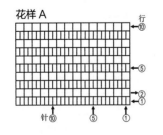

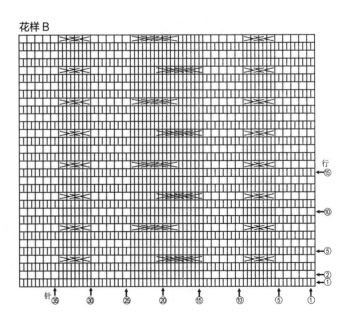

NO.43

【成品尺寸】衣长 52cm　胸围 92cm　袖长 58cm
【工　　具】7 号棒针　8 号棒针　绣花针
【材　　料】紫色毛线 800g
【密　　度】10cm² ：21 针 ×24 行
【附　　件】自制纽扣 1 枚

【制作过程】

1. 用 7 号棒针起 132 针织花样 12 朵，片织 6cm 后圈织，织到 45cm，花样结束，两边 70 针收针，中间前后 80 针，共 160 针圈起来用 8 号棒针织双罗纹 8cm。

2. 领子挑起 132 针，用 8 号棒针织双罗纹 8cm，片织。

3. 按图解钉上纽扣。

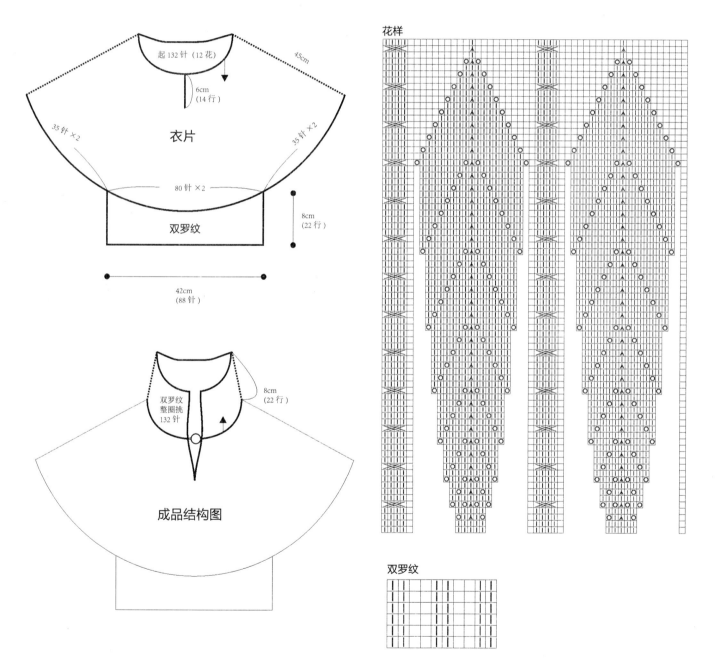

起 132 针（12 花）

45cm

6cm
（14 行）

衣片

35 针 ×2

35 针 ×2

80 针 ×2

双罗纹

8cm
（22 行）

42cm
（88 针）

双罗纹
整圈挑
132 针

8cm
（22 行）

成品结构图

花样

双罗纹

NO.44

【成品尺寸】衣长52cm　胸围80cm　袖长44cm
【工　　具】12号棒针　缝衣针
【材　　料】玫红色羊毛绒线500g
【密　　度】10cm²：30针×40行
【附　　件】纽扣6枚

【制作过程】

毛衣用棒针编织，由2片前片、1片后片、2片袖片组成，从下往上编织。

1. 先编织前片。分右前片和左前片编织。右前片：(1) 先用下针起针法起60针，先织2cm单罗纹后，改织花样A，门襟处留8针织花样B，侧缝不用加减针，织27cm至袖窿。(2) 袖窿以上的编织。袖窿平收6针后减针，方法是：每2行减1针减6次，共减6针，不加不减织80行至肩部。(3) 同时从袖窿算起织至15cm时，门襟平收8针后，开始领窝减针，方法是：每2行减1针减16次，不加不减织至肩余24针。(4) 相同的方法、相反的方向编织左前片。

2. 编织后片。(1) 先用下针起针法起120针，先织2cm单罗纹后，改织花样A，侧缝不用加减针，织至27cm至袖窿。(2) 袖窿以上的编织。袖窿两边平收6针后减针，方法与前片袖窿一样。(3) 同时从袖窿算起织至21cm时，开后领窝，中间平收40针，然后两边减针，方法是：每2行减1针减4次，织至两边肩部余24针。

3. 编织袖片。(1) 从袖口织起，用下针起针法起66针，先织1cm单罗纹后，改织花样A，袖下加针，方法是：每6行加1针加18次，编织30cm至袖窿。(2) 袖窿两边平收6针后，开始袖山减针，方法是：每2行减2针减6次，每2行减1针减20次，共减32针，编织完13cm后余26针，收针断线。同样方法编织另一片袖片。

4. 缝合。将前片的侧缝与后片的侧缝对应缝合，前片肩部与后片肩部对应缝合，再将2片袖片的袖下缝合后，袖山边线与衣身的袖窿边对应缝合。

5. 领子编织。领圈边挑112针，织2cm单罗纹，收针断线，形成圆领。

6. 缝上纽扣。毛衣编织完成。

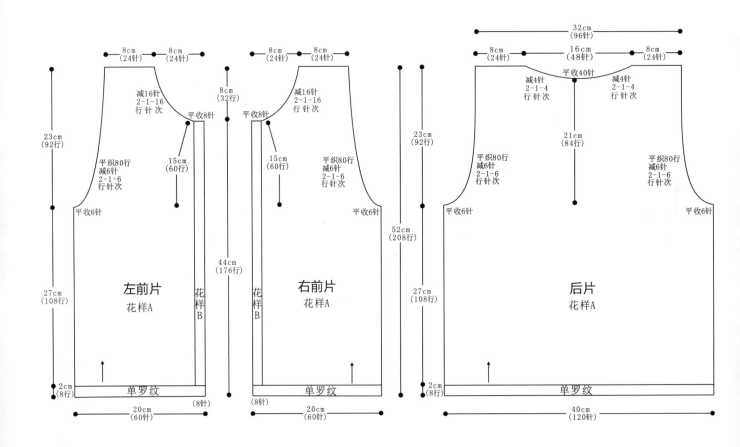

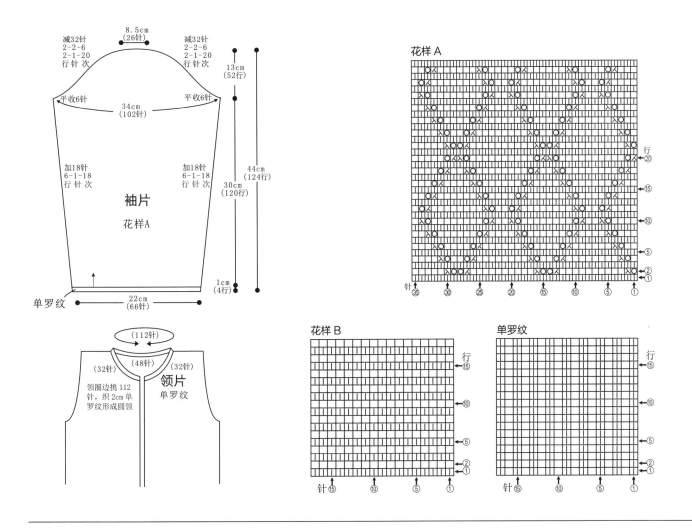

NO.45

【成品尺寸】衣长61cm　胸围90cm　袖长59cm
【工　　　具】10号棒针　缝衣针
【材　　　料】蓝色羊毛绒线600g
【密　　　度】10cm² : 30针×40行

【制作过程】

毛衣用棒针编织，由2片前片、1片后片、2片袖片组成，从下往上编织。

1. 先编织前片。分右前片和左前片编织。(1) 右前片：用下针起针法起68针，先织8cm花样C后，改织花样A，侧缝不用加减针，织31cm至袖窿。(2) 袖窿以上的编织。右侧袖窿平收6针后减8针，方法是：每织2行减1针减8次，不加不减织72行至肩部。(3) 同时从袖窿算起织至13cm时，开始领窝减针，方法是：每2行减2针减9次，每2行减1针减9次，织9cm至肩部余27针。(4) 相同的方法、相反的方向编织左前片。

2. 编织后片。(1) 用下针起针法起136针，先织8cm花样C后，改织花样B，侧缝不用加减针，织31cm至袖窿。(2) 袖窿以上的编织。袖窿开始减针，方法与前片袖窿一样。(3) 同样织至从袖窿算起20cm时，开后领窝，中间平收46针，两边各减4针，方法是：每2行减1针减4次，织至两边肩部余27针。

3. 编织袖片。从袖口织起，用下针起针法起66针，先织8cm花样C后，改织花样A，袖下加18针，方法是：每8行加1针加18次，编织38cm至袖窿。袖窿平收6针后，开始袖山减针，方法是：两边分别每2行减2针减6次，每2行减1针减20次，编织完13cm后余26针，收针断线。同样方法编织另一片袖片。

4. 缝合。将前片的侧缝与后片的侧缝对应缝合，前后片的肩部对应缝合，再将两袖片的袖山边线与衣身的袖窿边对应缝合。

5. 帽片编织。领圈边挑168针，织34cm花样A，然后A与B缝合，形成帽子。

6. 门襟编织。两边门襟至帽檐挑326针，织20行花样C。毛衣编织完成。

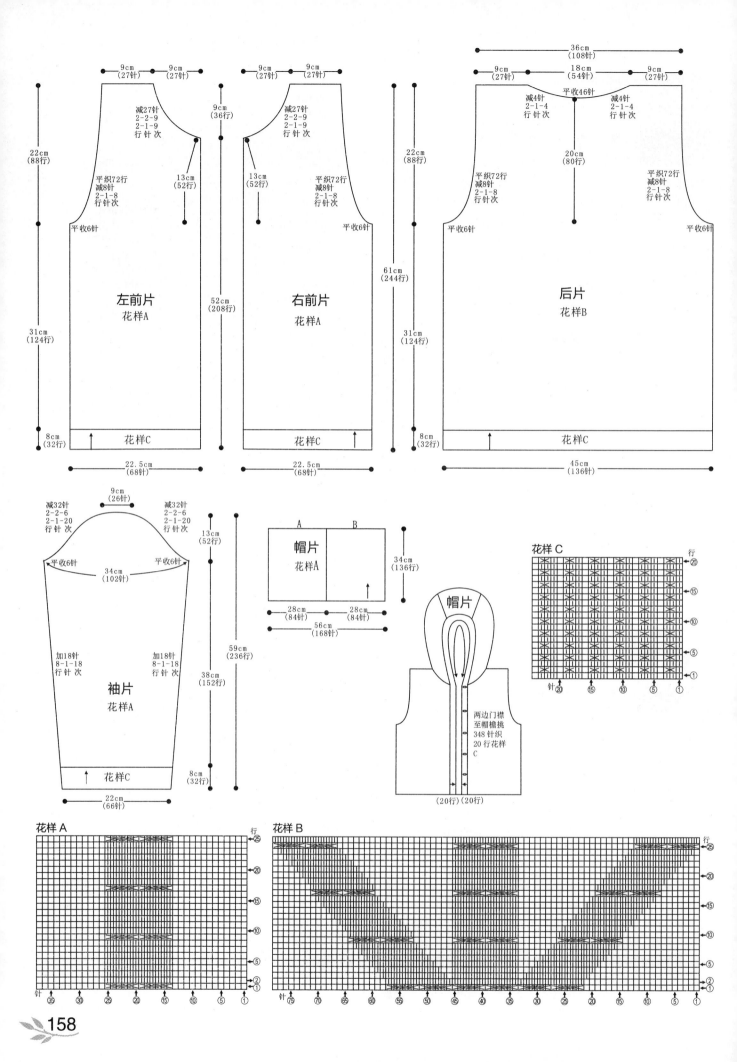

9cm
(27针)
9cm
(27针)

9cm
(27针)
9cm
(27针)

36cm
(108针)

9cm
(27针)
18cm
(54针)
9cm
(27针)

减27针
2-2-9
2-1-9
行针次

减27针
2-2-9
2-1-9
行针次

减4针
2-1-4
行针次
平收46针
减4针
2-1-4
行针次

9cm
(36行)

22cm
(88行)

22cm
(88行)

20cm
(80行)

平织72行
减8针
2-1-8
行针次

13cm
(52行)

13cm
(52行)

平织72行
减8针
2-1-8
行针次

平织72行
减8针
2-1-8
行针次

平织72行
减8针
2-1-8
行针次

平收6针

平收6针

平收6针

平收6针

左前片
花样A

右前片
花样A

后片
花样B

52cm
(208行)

61cm
(244行)

31cm
(124行)

31cm
(124行)

8cm
(32行)
花样C

花样C

8cm
(32行)
花样C

22.5cm
(68针)

22.5cm
(68针)

45cm
(136针)

减32针
2-2-6
2-1-20
行针次
9cm
(26针)
减32针
2-2-6
2-1-20
行针次

13cm
(52行)

平收6针
34cm
(102针)
平收6针

A   B
帽片
花样A

34cm
(136行)

花样C

行

加18针
8-1-18
行针次
加18针
8-1-18
行针次

59cm
(236行)

28cm
(84针)
28cm
(84针)

56cm
(168针)

帽片

袖片
花样A

38cm
(152行)

两边门襟
至帽檐挑
348针织
20行花样
C

8cm
(32行)
花样C

22cm
(66针)

(20行)(20行)

花样 A
行

花样 B
行

NO.46

【成品尺寸】衣长 77cm　衣宽 65cm　袖长 27cm
【工　　具】11 号棒针
【材　　料】紫色羊毛线 550g
【密　　度】10cm² ：17 针 × 25 行

【制作过程】

1. 后摆片：起 44 针，织花样 A，右侧织 74 行的长度，左侧共织 8 行的长度。

2. 左 / 右后片：起 63 针，织花样 B，右侧织 144 行的长度，左侧共织 32 行的长度。

3. 左 / 右前片：起 63 针，织花样 B，右侧织 308 行的长度，左侧共织 44 行的长度。

4. 袖片(2 片)：起 48 针，织双罗纹，一边织一边按每 8 行加 1 针加 8 次的方法两侧加针，织至 27cm 的长度，织片变成 64 针。将袖底缝合。

5. 领片：起 20 针，织双罗纹，共织 18cm 的长度。

6. 按图解所示，将各部位织片拼接缝合。

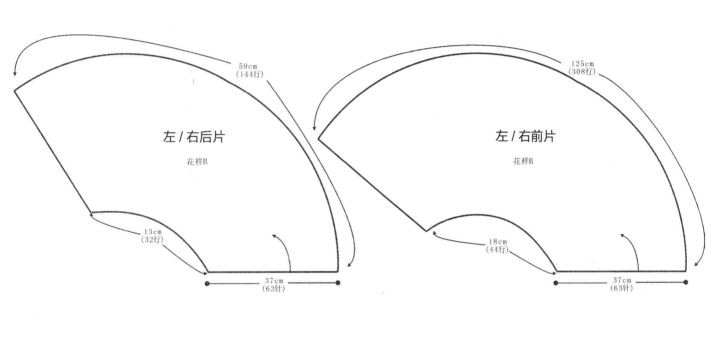

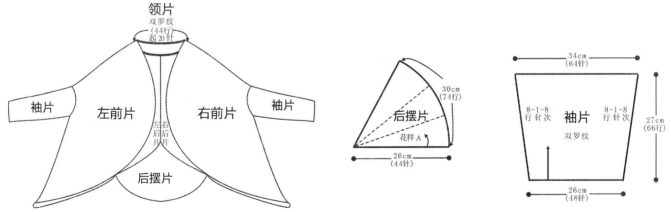

双罗纹

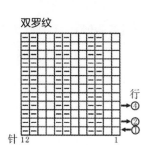

行
④
②
①

针 12   1

花样 A

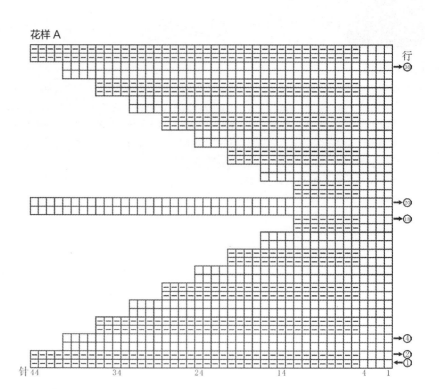

行
㉖
㉒
⑱

④
②
①

针 44   34   24   14   4   1

花样 B

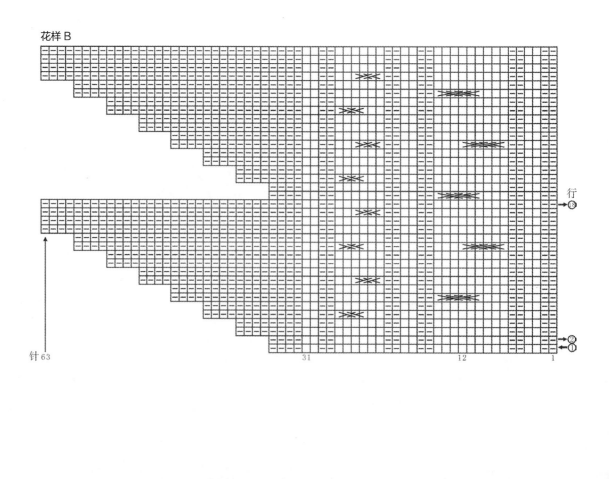

行
⑱

②
①

针 63   31   12   1

NO.47

【成品尺寸】衣长 54cm　胸围 74cm　袖长 52cm
【工　　具】12 号棒针　缝衣针
【材　　料】橙色段染羊毛绒线 500g
【密　　度】10cm² ：30 针 ×40 行

【制作过程】

毛衣用棒针编织，由 1 片前片、1 片后片、2 片袖片组合而成。

1. 先编织前后片。前片与后片分别由 16 个小织片组成，每个小织片起 72 针，按花样 A 编织，共织 9cm，其中肩部两片织花样 C，中间的扭花另织，起 10 针，织 36cm 花样 B，完成后按结构图所示并合成衣身。

2. 编织袖片。 先织左袖片。 从袖口织起，下针起针法起 66 针，先织 8cm 单罗纹后，改织花样 C，袖下加针，方法是：每 6 行加 1 针加 18 次，共加 36 针，织 31cm 时织片的针数为 102 针，然后两边加 148 针，此时针数为 398 针，继续编织 5cm，收针断线。同样方法编织右袖片。

3. 把身片与 2 片袖片按结构图缝合，并缝合袖下和侧缝。

4. 下摆按编织方向挑 224 针，圈织 6cm 单罗纹，收针断线。

5. 领圈编织。领圈边挑 142 针，织 3cm 全下针，形成卷边圆领。毛衣编织完成。

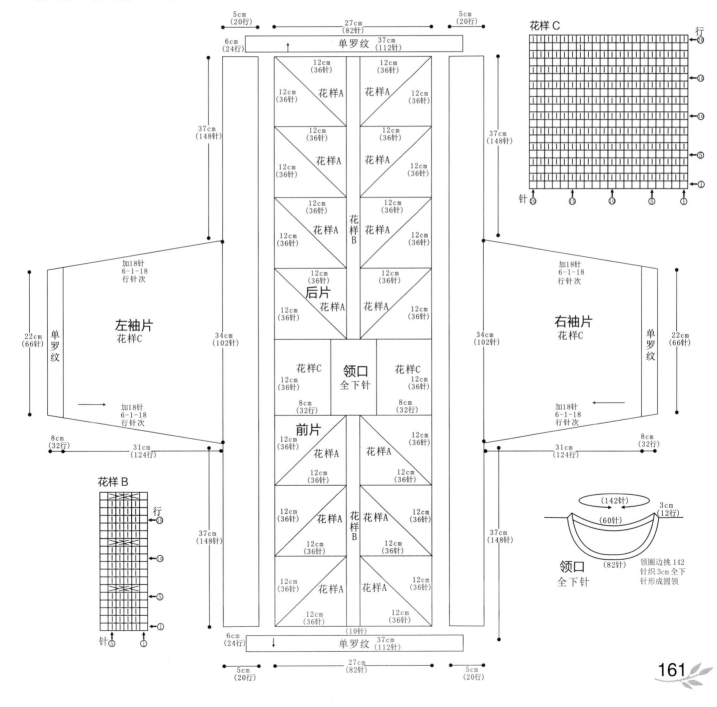

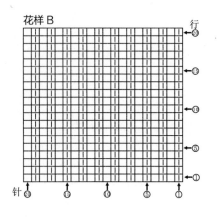

花样 B

行

针

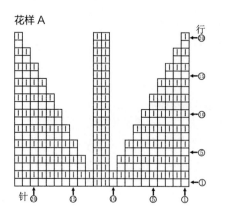

花样 A

行

针

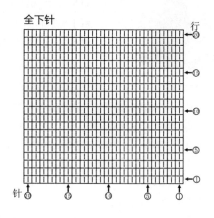

全下针

行

针

NO.48

【成品尺寸】衣长 55cm　胸围 40cm

【工　　具】12 号棒针　缝衣针

【材　　料】蓝色羊毛绒线 500g

【密　　度】10cm² ：30 针 ×40 行

【制作过程】

毛衣用棒针编织，由 1 片前片、1 片后片组成，从下往上编织。

1. 先编织前片。分左右 2 片编织，先起 3 针，织全下针，内侧不用加针，只在外侧加针，织至 25cm 时留针待用，同样另织一片袖片。

2. 把 2 片织片合并编织，外侧继续加针，方法是：每 2 行加 1 针加 90 次，织至 25cm 时，针数为 186 针。

3. 现在进行两边肩部减针，方法是：每 2 行减 6 针减 9 次，共减 54 针，织至 20 行时，余 78 针，收针断线。

4. 同样方法编织后片。

5. 把前后片的 A 与 B 缝合、C 与 D 缝合、E 与 F 缝合、G 与 H 缝合。毛衣编织完成。

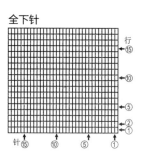

全下针

行

针

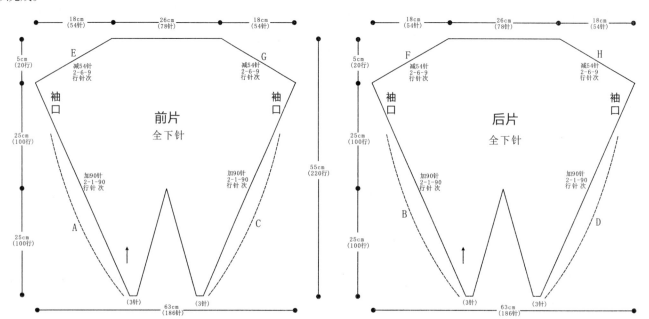

NO.49

【成品尺寸】衣长 51cm　胸围 86cm　袖长 52cm
【工　　具】12 号棒针　缝衣针
【材　　料】玫红色羊毛绒线 500g　白色线少许
【密　　度】10cm² ：30 针 × 40 行
【附　　件】装饰刺绣花

【制作过程】

毛衣用棒针编织，由 1 片前片、1 片后片、2 片袖片组成，从下往上编织。

1. 先编织前片。(1) 先用下针起针法起 130 针，先织 4cm 花样，并配色，然后改织全下针，侧缝不用加减针，织 25cm 至袖窿。(2) 袖窿以上的编织。袖窿平收 6 针后减针，方法是：每 2 行减 2 针减 4 次，共减 8 针，不加不减织 80 行至肩部。(3) 同时从袖窿算起织至 12cm 时，中间平收 2 针，并分两边编织，织至 3cm 时，开始两边领窝减针，方法是：每 2 行减 2 针减 13 次，不加不减织至肩部余 24 针。

2. 编织后片。(1) 先用下针起针法起 130 针，先织 4cm 花样后，并配色，然后改织全下针，侧缝不用加减针，织 25cm 至袖窿。(2) 袖窿以上的编织。袖窿两边平收 6 针后减针，方法与前片袖窿一样。(3) 同时从袖窿算起织至 18cm 时，开后领窝，中间平收 38 针，然后两边减针，方法是：每 2 行减 1 针减 8 次，织至两边肩部余 24 针。

3. 编织袖片。(1) 从袖口织起，用下针起针法起 66 针，先织 4cm 花样后，改织全下针，袖下加针，方法是：每 6 行加 1 针加 18 次，编织 35cm 至袖窿。(2) 袖窿两边平收 6 针后，开始袖山减针，方法是：每 2 行减 2 针减 6 次，每 2 行减 1 针减 20 次，各减 32 针，编织完 13cm 后余 26 针，收针断线。同样方法编织另一片袖片。

4. 缝合。将前片的侧缝与后片的侧缝对应缝合，前片肩部与后片肩部对应缝合，再将 2 片袖片的袖下缝合后，袖山边线与衣身的袖窿边对应缝合。

5. 两边门襟同时挑适合针数，织 8 行全下针，对折缝合，形成双层门襟摺边。

6. 领子编织。领圈边挑 162 针，圈织 4cm 花样，并配色，收针断线，形成圆领。

7. 绣上刺绣花朵装饰。毛衣编织完成。

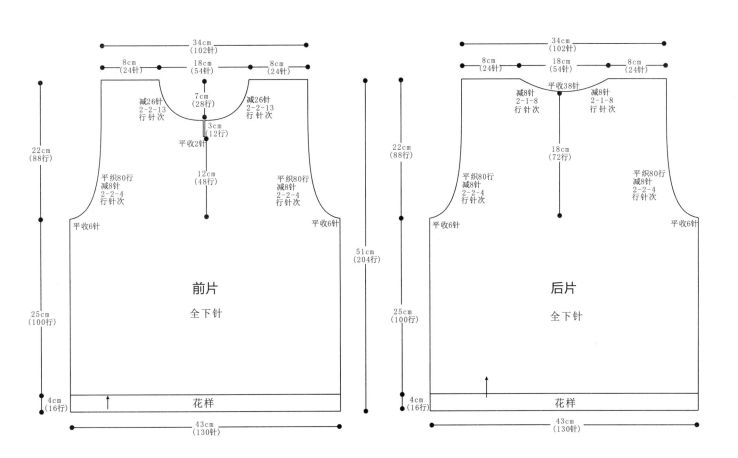

前片图示：
34cm（102针）
8cm（24针）　18cm（54针）　8cm（24针）
减26针 2-2-13 行针次
7cm（28行）
3cm（12行）
平收2针
12cm（48行）
22cm（88行）
平织80行 减8针 2-2-4 行针次
平收6针
前片　全下针
25cm（100行）
4cm（16行）　花样
43cm（130针）

后片图示：
34cm（102针）
8cm（24针）　18cm（54针）　8cm（24针）
平收38针
减8针 2-1-8 行针次
22cm（88行）
18cm（72行）
平织80行 减8针 2-2-4 行针次
平收6针
51cm（204行）
后片　全下针
25cm（100行）
4cm（16行）　花样
43cm（130针）

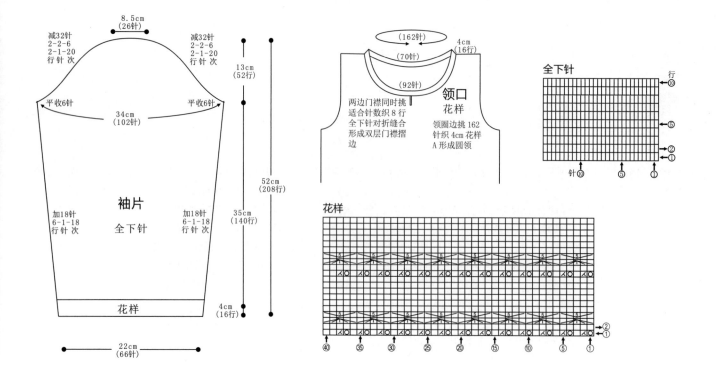

8.5cm
(26针)

减32针
2-2-6
2-1-20
行针次

减32针
2-2-6
2-1-20
行针次

13cm
(52行)

平收6针   平收6针

34cm
(102针)

52cm
(208行)

袖片
全下针

加18针
6-1-18
行针次

加18针
6-1-18
行针次

35cm
(140行)

花样

4cm
(16行)

22cm
(66针)

(162针)
(70针)
(92针)

两边门襟同时挑
适合针数织8行
全下针对折缝合
形成双层门襟摺
边

领口
花样

领圈边挑162
针织4cm花样
A形成圆领

4cm
(16行)

全下针

行
⑩
⑤
②
①

针 ⑩   ⑤   ①

花样

⑤ ⑤ ⑤ ⑤ ⑤ ⑤ ⑤

②
①

⑤ ⑤ ⑤ ⑤ ⑤ ⑤ ⑤

②
①

㊵ ㉟ ㉚ ㉕ ⑳ ⑮ ⑩ ⑤ ①

NO.50

【成品尺寸】衣长59cm   胸围68cm   袖长59cm
【工   具】12号棒针   缝衣针
【材   料】紫色羊毛绒线500g
【密   度】10cm² : 30针×40行

【制作过程】

毛衣用棒针编织，由1片前片、1片后片、2片袖片组成，从上往下编织。

1. 先织领口环形片。从领口起织，用下针起针法起122针，织花样A，并按花样A加针，织20行加第1次针，每织3针加1针，共加42针。继续织20行加第2次针，每3针加1针，共加54针。继续织20行加第3次针，每3针加1针，共加72针。继续织20行加第4次针，每4针加1针，共加72针。织完20cm时，共加240针，织片的针数为362针，环形片完成。

2. 开始分出前片、后片和2片袖片，并改织花样B。(1)前片：分出94针，并在两边各平加4针，共102针，继续编织花样B，侧缝不用加减针，织至33cm时改织24行双罗纹，收针断线。

(2) 后片：分出94针，编织方法与前片一样。

3. 袖片编织。左袖片分出88针，并在两边各平加4针，共96针，继续编织花样B，袖下减针，方法是：每8行减1针减15次，织至33cm时，改织6cm双罗纹，收针断线。同样方法编织右袖片。

4. 缝合。将前片的侧缝和后片的侧缝缝合，2片袖片的袖下分别缝合。

5. 领片编织。领圈边挑124针，织4cm双罗纹，形成圆领。毛衣编织完成。

花样A

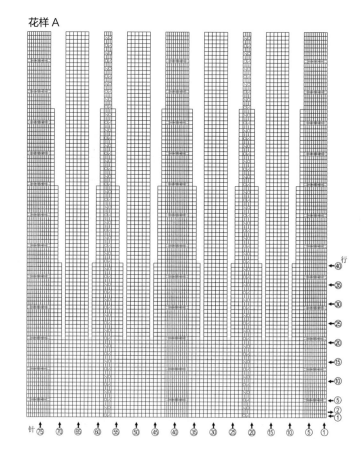

行
㊵
㉟
㉚
㉕
⑳
⑮
⑩
⑤
②
①

针 ⑦⑤ ⑦⓪ ⑥⑤ ⑥⓪ ⑤⑤ ⑤⓪ ⑤ ⑩ ⑮ ⑳ ㉕ ㉚ ㉟ ㊵

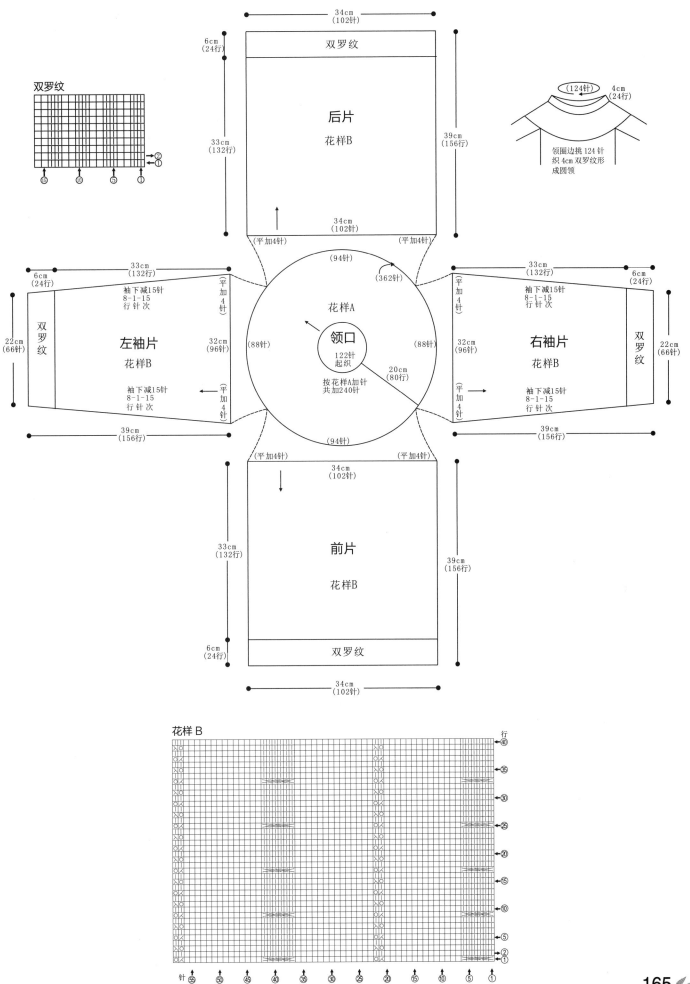

双罗纹

34cm
(102针)

6cm
(24行)

双罗纹

后片

花样B

33cm
(132行)

39cm
(156行)

34cm
(102针)

(平加4针)   (平加4针)

(94针)

(362针)

花样A

领口

122针
起织

按花样A加针
共加240针

(88针)   (88针)

20cm
(80行)

(94针)

(124针)   4cm
(24行)

领圈边挑124针
织4cm双罗纹形
成圆领

6cm
(24行)

33cm
(132行)

袖下减15针
8-1-15
行针次

左袖片

花样B

双罗纹

22cm
(66行)

32cm
(96行)

平加4针

平加4针

袖下减15针
8-1-15
行针次

39cm
(156行)

袖下减15针
8-1-15
行针次

右袖片

花样B

双罗纹

6cm
(24行)

22cm
(66行)

32cm
(96行)

平加4针

平加4针

袖下减15针
8-1-15
行针次

33cm
(132行)

39cm
(156行)

(平加4针)   (平加4针)

34cm
(102针)

前片

花样B

33cm
(132行)

39cm
(156行)

6cm
(24行)

双罗纹

34cm
(102针)

花样 B

行
40
35
30
25
20
15
10
5
2
1

针 55 50 45 40 35 30 25 20 15 10 5 1

165

NO.51

【成品尺寸】衣长86cm　胸围80cm　连肩袖长48cm
【工　　具】10号棒针　缝衣针
【材　　料】黑色羊毛绒线600g
【密　　度】10cm²：30针×40行

【制作过程】

毛衣用棒针编织，由1片前片、1片后片、2片袖片组成，从下往上编织。

1. 先编织前片。(1) 用下针起针法起120针，先织8cm单罗纹后，改织花样，侧缝不用加减针，织56cm至插肩袖窿(其中在织至24cm时，在距离两边侧缝18针处，分别织21针单罗纹的袋口，然后把21针收掉，其他收针留着，另织2片内袋，起21针，织15cm全下针，然后合并留着的针数继续编织前片，内袋与织片缝合，形成口袋)。(2) 袖窿以上的编织。袖窿平收4针后减32针，方法是：每4行减2针减10次，每4行减1针减12次，织22cm至肩部。(3) 同时从插肩袖窿算起，织至15cm时，开始领窝减针，中间平收20针，然后两边减14针，方法是：每2行减1针减14次，织至肩部全部针数收完。

2. 编织后片。(1) 用下针起针法起120针，先织8cm单罗纹后，改织全下针，侧缝不用加减针，织56cm至插肩袖窿。(2) 袖窿以上的编织。两边袖窿平收4针后减32针，方法是：每4行减2针减10次，每4行减1针减12次。领窝不用减针，织88行至肩部余48针。

3. 编织袖片。用下针起针法起66针，先织8cm单罗纹后，改织全下针，两边袖下加针，方法是：每4行加1针加15次，织至18cm时，开始两边平收5针后，插肩减32针，方法是：每4行减2针减10次，每4行减1针减12次，至肩部余22针，同样方法编织另一片袖片。

4. 缝合。将前片的侧缝与后片的侧缝对应缝合，袖片的袖下分别缝合，袖片的插肩部与衣片的插肩部缝合。

5. 领片编织。领圈边挑138针，织13cm单罗纹，形成高领。毛衣编织完成。

单罗纹

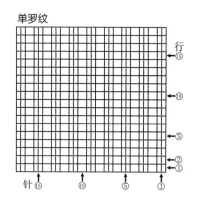

全下针

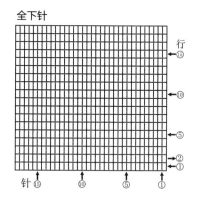

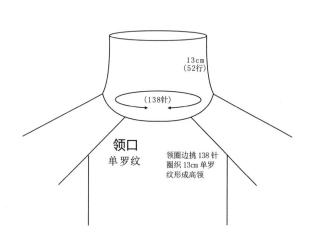

领口
单罗纹

领圈边挑138针
圈织13cm单罗
纹形成高领

13cm
(52行)

(138针)

花样

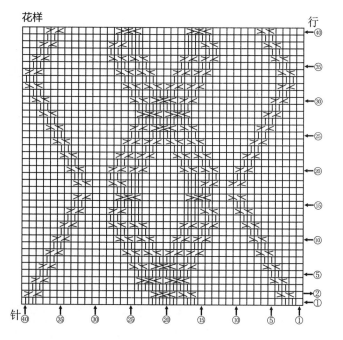

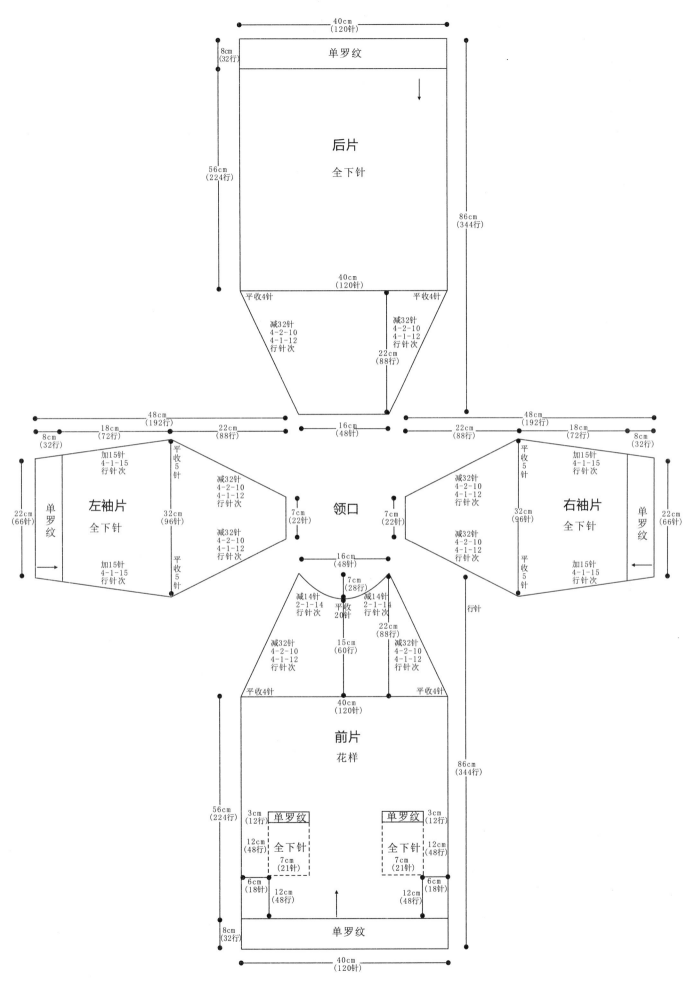

40cm
(120针)

8cm
(32行)
单罗纹

后片
全下针

56cm
(224行)

86cm
(344行)

40cm
(120针)

平收4针   平收4针

减32针
4-2-10
4-1-12
行针次

减32针
4-2-10
4-1-12
行针次

22cm
(88行)

48cm
(192行)

8cm
(32行)

18cm
(72针)

22cm
(88针)

16cm
(48针)

22cm
(88针)

18cm
(72针)

48cm
(192行)

8cm
(32行)

加15针
4-1-15
行针次

平收5针

减32针
4-2-10
4-1-12
行针次

22cm
(66针)
单罗纹

左袖片
全下针

32cm
(96行)

领口

7cm
(22针)

7cm
(22针)

减32针
4-2-10
4-1-12
行针次

32cm
(96行)

右袖片
全下针

单罗纹
22cm
(66针)

加15针
4-1-15
行针次

平收5针

减32针
4-2-10
4-1-12
行针次

加15针
4-1-15
行针次

平收5针

行针

减14针
2-1-14
行针次

16cm
(48针)

7cm
(28行)

平收
20针

减14针
2-1-14
行针次

平收5针

加15针
4-1-15
行针次

减32针
4-2-10
4-1-12
行针次

15cm
(60行)

22cm
(88行)

减32针
4-2-10
4-1-12
行针次

平收4针

40cm
(120针)

平收4针

86cm
(344行)

56cm
(224行)

前片
花样

3cm
(12行)
单罗纹

单罗纹
3cm
(12行)

12cm
(48行)
全下针
7cm
(21针)

全下针
7cm
(21针)
12cm
(48行)

6cm
(18针)

12cm
(48行)

12cm
(48行)

6cm
(18针)

8cm
(32行)
单罗纹

40cm
(120针)

167

NO.52

【成品尺寸】衣长 54cm　胸围 76cm　袖长 60cm
【工　　具】10 号棒针　缝衣针
【材　　料】灰色羊毛绒线 600g
【密　　度】10cm² : 30 针 ×40 行
【附　　件】纽扣 7 枚

【制作过程】

毛衣用棒针编织，由 2 片前片、1 片后片、2 片袖片组成，从下往上编织。

1. 先编织前片。分右前片和左前片编织。(1) 右前片：用下针起针法起 57 针，先织 5cm 双罗纹后，改织花样 A，侧缝不用加减针，织 27cm 至袖窿。(2) 袖窿以上的编织。右侧袖窿平收 6 针后减 9 针，方法是：每织 2 行减 1 针减 9 次，不加不减织 70 行至肩部。(3) 同时从袖窿算起织至 15cm 时，开始领窝减针，方法是：每 2 行减 2 针减 8 次，每 2 行减 1 针减 5 次，织 28 行至肩部余 21 针。(4) 相同的方法、相反的方向编织左前片。

2. 编织后片。(1) 用下针起针法起 114 针，先织 5cm 双罗纹后，改织花样 B，侧缝不用加减针，织 27cm 至袖窿。(2) 袖窿以上的编织。袖窿开始减针，方法与前片袖窿一样。(3) 同时织至从袖窿算起 20cm 时，开后领窝，中间平收 34 针，两边各减 4 针，方法是：每 2 行减 1 针减 4 次，织至两边肩部余 21 针。

3. 编织袖片。从袖口织起，用下针起针法起 66 针，先织 5cm 双罗纹后，改织花样 C，袖下加 18 针，方法是：每 8 行加 1 针加 18 次，编织 42cm 至袖窿，袖窿平收 6 针后，开始袖山减针，方法是：两边分别每 2 行减 2 针减 6 次，每 2 行减 1 针减 20 次，编织完 13cm 后余 26 针，收针断线。同样方法编织另一片袖片。

4. 缝合。将前片的侧缝与后片的侧缝对应缝合，前后片的肩部对应缝合，再将 2 片袖片的袖山边线与衣身的袖窿边对应缝合。

5. 帽片编织。领圈边挑 168 针，织 34cm 全下针，然后 A 与 B 缝合，形成帽子。

6. 用缝衣针缝上纽扣，毛衣编织完成。

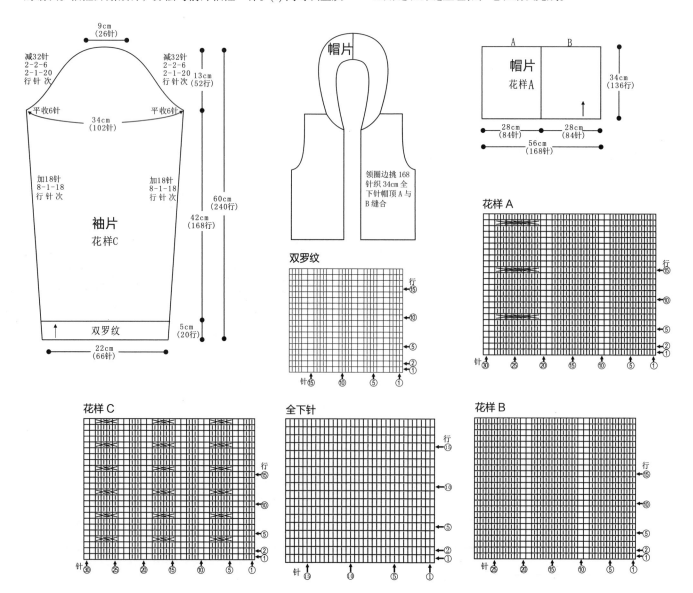

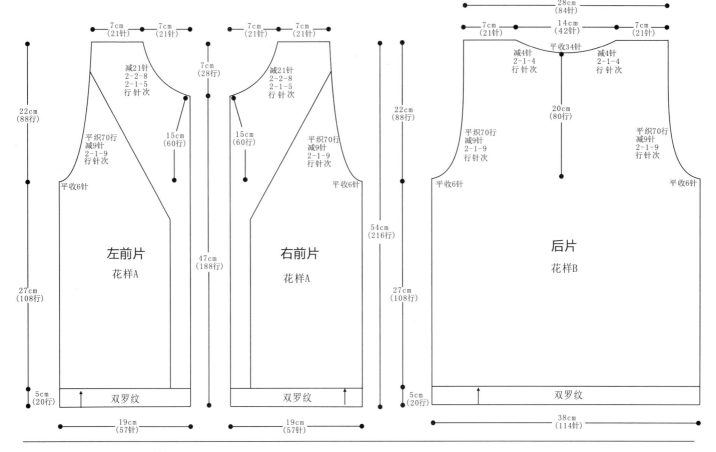

NO.53

【成品尺寸】衣长 63cm　胸围 72cm　袖长 55cm
【工　　具】12 号棒针　缝衣针
【材　　料】橙红色羊毛绒线 500g
【密　　度】10cm² ：30 针 ×40 行

【制作过程】

毛衣用棒针编织，由 1 片前片、1 片后片、2 片袖片组成，从下往上编织。

1. 先编织前片。(1) 先用下针起针法起 108 针，先织 3cm 花样 B 后，改织花样 A，侧缝不用加减针，织 38cm 至袖窿。(2) 袖窿以上的编织。袖窿平收 4 针后减针，方法是：每 2 行减 2 针减 2 次，共减 4 针，不加不减织 84 行至肩部。(3) 同时从袖窿算起织至 12cm 时，中间平收 20 针后，开始两边领窝减针，方法是：每 4 行减 2 针减 2 次，每 4 行减 1 针减 8 次，不加不减至肩部余 24 针。

2. 编织后片。 (1) 先用下针起针法起 108 针，先织 12 行花样 B 后，改织花样 A，侧缝不用加减针，织 38cm 至袖窿。(2) 袖窿以上的编织。袖窿两边平收 4 针后减针，方法与前片袖窿一样。(3) 同时从袖窿算起织至 20cm 时，开后领窝，中间平收 36 针，然后两边减针，方法是：每 2 行减 1 针减 4 次，织至两边肩部余 24 针。

3. 编织袖片。(1) 从袖口织起，用下针起针法起 66 针，先织 5cm 花样 B 后，改织花样 C，袖下加针，方法是：每 8 行加 1 针加 18 次，编织 37cm 至袖窿。(2) 袖窿两边平收 4 针后，开始袖山减针，方法是：每 2 行减 2 针减 6 次，每 2 行减 1 针减 20 次，各减 32 针，编织完 13cm 后余 30 针，收针断线。同样方法编织

另一片袖片。

4. 缝合。将前片的侧缝与后片的侧缝对应缝合，前片肩部与后片肩部对应缝合，再将 2 片袖片的袖下缝合后，袖山边线与衣身的袖窿边对应缝合。

5. 领子编织。领圈边不用编织，自然形成圆领。毛衣编织完成。

花样 A

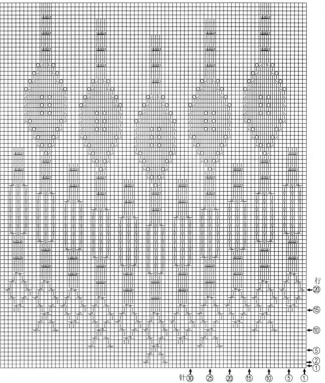

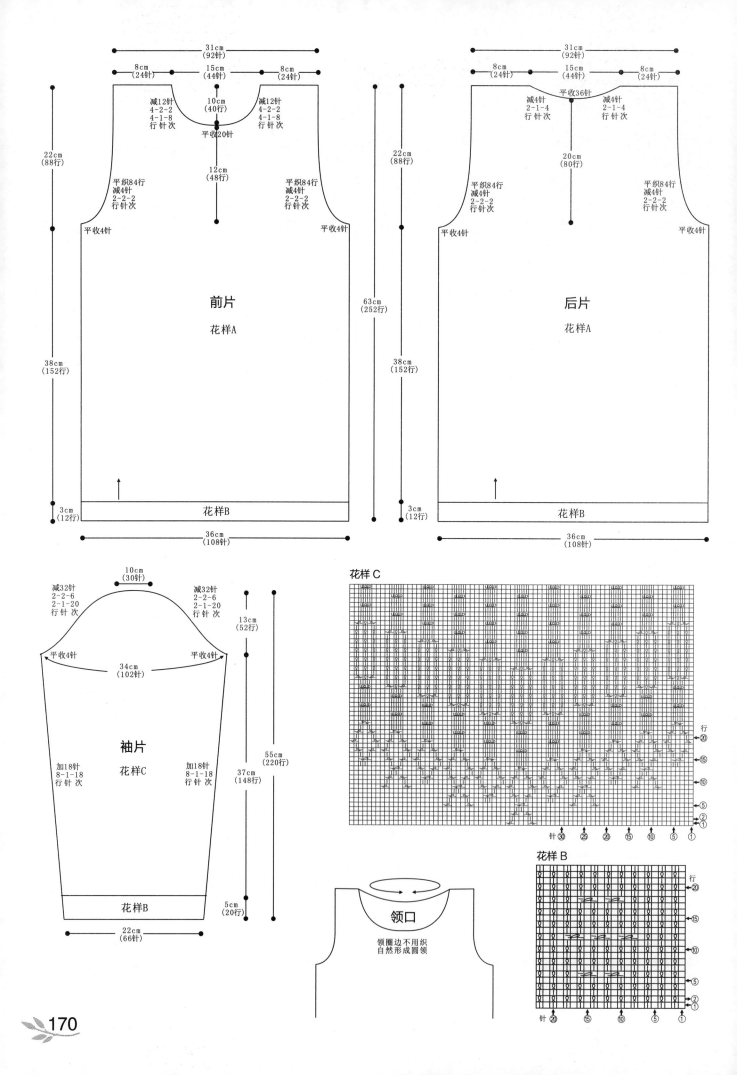

前片 (front piece)

31cm (92针)
8cm (24针) | 15cm (44针) | 8cm (24针)
减12针 4-2-2 4-1-8 行针次
10cm (40行)
减12针 4-2-2 4-1-8 行针次
平收20针
22cm (88行)
12cm (48行)
平织84行 减4针 2-2-2 行针次
平织84行 减4针 2-2-2 行针次
平收4针
平收4针
花样A
38cm (152行)
花样B
3cm (12行)
36cm (108针)

63cm (252行)
22cm (88行)
38cm (152行)
3cm (12行)

后片 (back piece)

31cm (92针)
8cm (24针) | 15cm (44针) | 8cm (24针)
减4针 2-1-4 行针次
平收36针
减4针 2-1-4 行针次
20cm (80行)
平织84行 减4针 2-2-2 行针次
平织84行 减4针 2-2-2 行针次
平收4针
平收4针
花样A
花样B
36cm (108针)

袖片 (sleeve piece)

10cm (30针)
减32针 2-2-6 2-1-20 行针次
减32针 2-2-6 2-1-20 行针次
平收4针
34cm (102针)
平收4针
加18针 8-1-18 行针次
加18针 8-1-18 行针次
花样C
13cm (52行)
55cm (220行)
37cm (148行)
5cm (20行)
花样B
22cm (66针)

花样C

行 20 15 10 5 2 1
针 30 25 20 15 10 5 1

花样B

行 20 15 10 5 2 1
针 20 15 10 5 1

领口 (neckline)

领圈边不用织
自然形成圆领

170

NO.54

【成品尺寸】衣长 56cm　下摆 82cm　袖长 11cm
【工　　具】12 号棒针　缝衣针
【材　　料】灰色羊毛绒线 500g
【密　　度】10cm² : 30 针 ×40 行

【制作过程】

毛衣用棒针编织，由 2 片前片、1 片后片组成，从下往上编织。

1. 先编织前片。分右前片和左前片编织。右前片：(1) 先用下针起针法起 62 针，织花样 A，侧缝不用加减针，织 33cm 至袖窿。(2) 袖窿以上的编织。袖窿平收 24 针，织花样 C，其余的继续织花样 A，不加不减织 23cm 至肩部。(3) 同时门襟加针织领片，方法是：每 2 行加 1 针加 36 次，织至肩部共 122 针。(4) 肩部

平收 86 针，余 36 针继续织 7cm，用于做领片。(5) 相同的方法、相反的方向编织左前片。

2. 编织后片。(1) 先用下针起针法起 124 针，织花样 B，侧缝不用加减针，织至 33cm 至袖窿。(2) 袖窿以上的编织。袖窿两边各平加 24 针，织花样 C，其余继续织花样 B，中间按花样 B 加针，方法是：以中间的 2 针为中点，在两边加针，每 4 行加 1 针加 21 次，织 23cm 至肩部，针数为 214 针，收针断线。

3. 缝合。将前片的侧缝与后片的侧缝对应缝合，前片肩部与后片肩部对应缝合，前片的领片缝合后与后片领窝缝合，形成翻领。

4. 袖口编织。两边袖口分别挑 96 针，织 12 行单罗纹。

5. 腰间衬边另织，起 32 针，织花样 D，织 82cm 后收针断线，缝合与腰间相应的位置。毛衣编织完成。

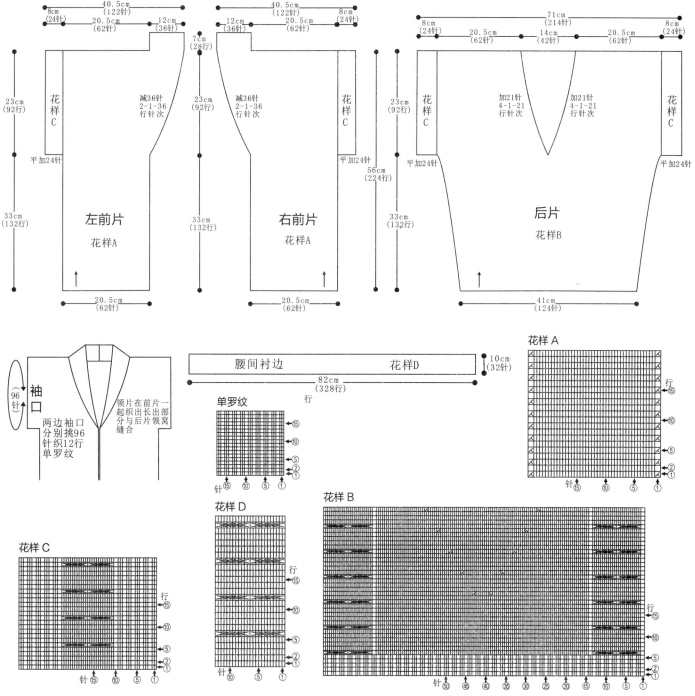

171

NO.55

【成品尺寸】衣长73cm　胸围88cm　下摆100cm
【工　　具】10号棒针　缝衣针
【材　　料】深绿色羊毛绒线500g
【密　　度】10cm²：30针×40行

【制作过程】

毛衣用棒针编织，由1片前片、1片后片组成，从下往上编织。

1. 先编织前片。(1) 用下针起针法起150针，先织4cm花样C后，改织花样B，侧缝不用加减针，织46cm时至袖窿。(2) 袖窿以上的编织。织片分散减18针，此时针数为132针，并改织花样A，袖窿两边平收6针后减针，方法是：每2行减1针减9次，余下针数不加不减织74行至肩部。(3) 同时从袖窿算起织至52行时，开始领窝减针，中间平收26针，两边各减14针，方法是：

每2行减1针减14次，不加不减平织12行至肩部余24针。

2. 后片编织。(1) 用下针起针法起150针，先织4cm花样C后，改织花样B，侧缝不用加减针，织46cm至袖窿。(2) 袖窿以上的编织。织片分散减18针，此时针数为132针，并改织花样A，袖窿两边平收6针后减针，方法是：每2行减1针减9次，余下针数不加不减织74行至肩部。(3) 同时从袖窿算起织至20cm时，开始领窝减针，中间平收42针，两边各减6针，方法是：每2行减1针减6次，至肩部余24针。

3. 缝合。将前片的侧缝与后片的侧缝对应缝合。前后片的肩部对应缝合。

4. 袖口编织。两边袖口分别挑138针，织4cm花样C。

5. 领子编织。领圈边挑142针，织4cm花样C，形成圆领。毛衣编织完成。

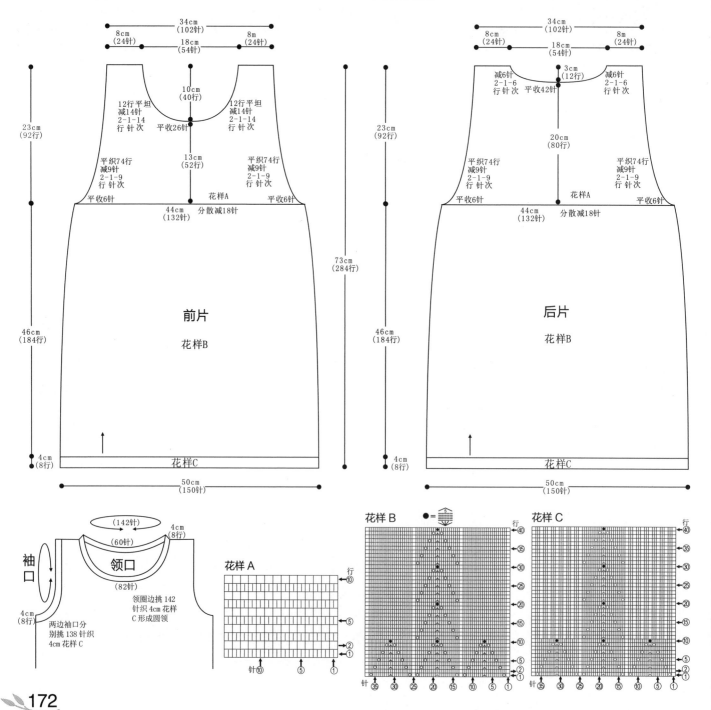

NO.56

【成品尺寸】衣片长 81cm　衣片宽 81cm
【工　　具】10 号棒针
【材　　料】白色棉线 400g
【密　　度】10cm² ：13 针 ×16.5 行

【制作过程】

1.后片：从中心往四周环织。起 16 针，织花样 A，环形编织 8 组花样，织 24 行后，织片变成 96 针，收针。

2.左、右前片：起 34 针，织花样 B，如结构图所示，右侧共织 226 行，左侧共织 408 行，与起针缝合。

3.缝合：将花样 B 缝合位置作为后领中心，左右片与后片缝合时，如图留起两侧袖窿的位置。

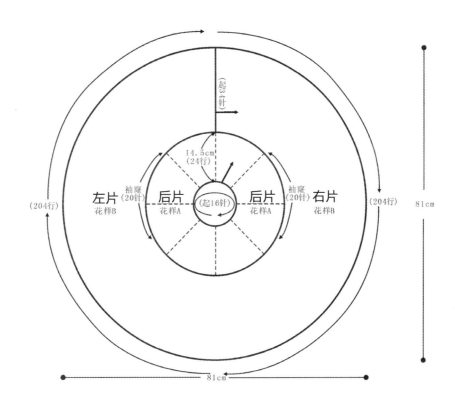

花样 A

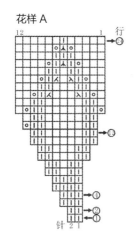

花样 B

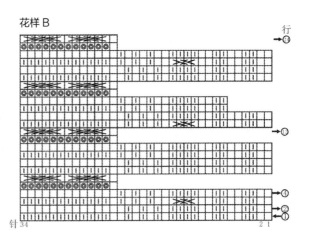

NO.57

【成品尺寸】衣长 57cm　胸围 70cm　袖长 15cm
【工　　具】12 号棒针　缝衣针
【材　　料】枣红色羊毛绒线 400g
【密　　度】10cm² : 30 针 ×40 行
【附　　件】纽扣 4 枚

【制作过程】

毛衣用棒针编织，由 2 片前片、1 片后片组成，从下往上编织。

1. 先编织前片。分右前片和左前片编织。右前片：(1) 用下针起针法起 52 针，先织 2cm 花样 B，门襟处留 8 针织花样 B，侧缝处留 12 针织花样 B，然后其余的改织花样 A，侧缝不用加减针，织 32cm 至袖窿。(2) 袖窿以上的编织。袖窿加针织袖口，方法是：每 4 行加 2 针加 10 次，每 4 行加 1 针加 13 次，共加 33 针，织 92 行至肩部。(3) 同时从袖窿算起织至 13cm 时，门襟平收 8 针后，开始领窝减针，方法是：每 4 行减 1 针减 8 次，每 2 行减 1

针减 4 次，不加不减织至肩部余 20 针。(4) 相同的方法、相反的方向编织左前片。

2. 编织后片。(1) 先用下针起针法起 104 针，先织 2cm 花样 B，然后改织花样 C，侧缝不用加减针，织至 32cm 至袖窿。(2) 袖窿以上的编织。两边袖窿加针织袖口，方法与前片袖口一样。(3) 同时从袖窿算起织至 21cm 时，开后领窝，中间平收 34 针，然后两边减针，方法是：每 2 行减 1 针减 4 次，织至两边肩部余 20 针。

3. 缝合。将前片的侧缝与后片的侧缝对应缝合，前片肩部与后片肩部对应缝合。

4. 领子编织。领圈边挑 102 针，织 6cm 花样 B，并在两边领角减针，方法是：每 2 行减 1 针减 6 次，各减 6 针，余 90 针，收针断线，形成圆角翻领。

5. 缝上纽扣。毛衣编织完成。

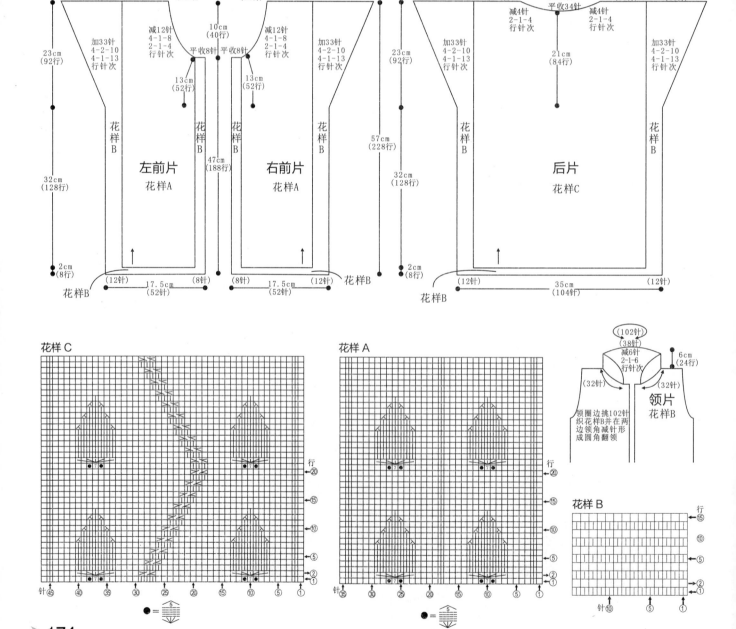

NO.58

【成品尺寸】衣长 45cm　衣宽 80cm
【工　　具】10 号棒针　小号钩针
【材　　料】红色棉线 400g
【密　　度】10cm² ：14 针 × 14 行

【制作过程】

1.衣身片：一片一环形编织，从领口往下织。起 70 针，织花样 A，共 10 组花样，织至 28cm 的长度，织片变成 270 针，改织花样 B，不加减针织至 31cm 的长度。

2.衣脚：将衣身片对折成前片和后片，取前后片居中的 2 组花样的针数，挑针织单罗纹，共 112 针环形编织，织 14cm 的长度。

3.袖窿花边：沿两侧袖窿钩织花样 C 作为袖窿花边。

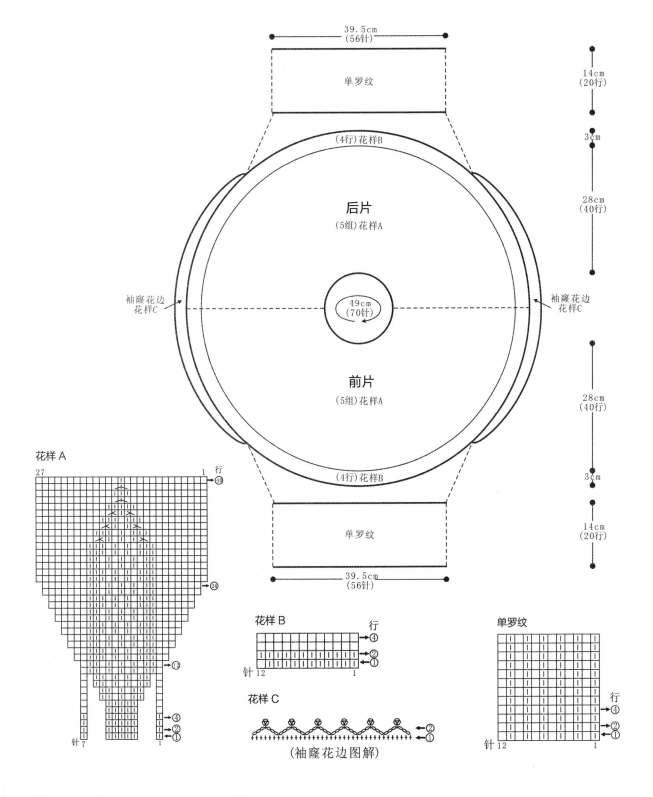

39.5cm
(56针)
单罗纹
(4行)花样B
后片
(5组)花样A
袖窿花边
花样C
49cm
(70针)
前片
(5组)花样A
(4行)花样B
单罗纹
39.5cm
(56针)

14cm
(20行)
3cm
28cm
(40行)
28cm
(40行)
3cm
14cm
(20行)

花样 A
27　　　1 行
⑩
②④
⑫
④
②①
针 7　　　1

花样 B
行
④
②
①
针 12　　　1

花样 C
②
①
(袖窿花边图解)

单罗纹
行
④
②
①
针 12　　　1

175

NO.59

【成品尺寸】衣长60cm　胸围88cm　袖长58cm
【工　　具】11号棒针　3mm钩针
【材　　料】暗红色中粗棉线650g
【密　　度】10cm² : 21针×22行

【制作过程】

1.后片：起92针，按花样A编织35cm。按双罗纹、花样B、花样B、双罗纹的顺序编织7cm开袖窿，减针如图，继续往上织18cm后收针。

2.前片：起45针，按花样A编织35cm。如图按花样B、双罗纹的顺序编织7cm后开袖窿，继续织10cm，往上开前领，继续织8cm后收针。对称织出另一片。

3.袖片：起51针，按花样A编织并同时加针织45cm。往上织

袖山，按袖山减针编织，织13cm后收针，用相同方法织出另一片袖片。

4.门襟：起12针，按花样C编织52cm后收针，用相同方法织出另一条。

5.挑领：如图共挑80针，先织2cm花样A，再织1cm上针。

6.缝合：将两片前片和后片相缝合；两片袖片袖下缝合；袖片与身片相缝合。

7.系带：用3mm钩针锁针法钩两条长度相当的系带。

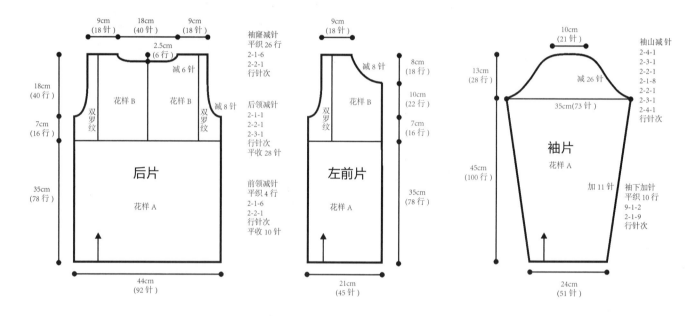

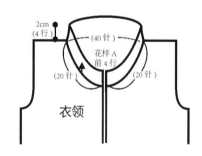

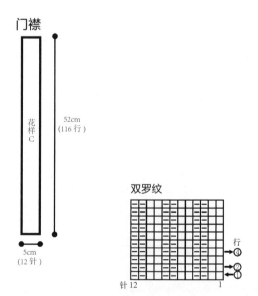

系带（长度自定）

花样C

花样 A

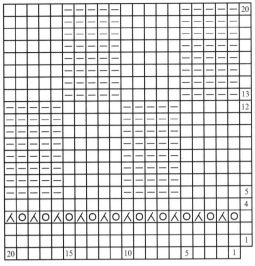

花样 B

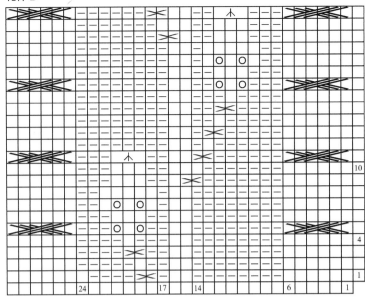

NO.60

【成品尺寸】衣长 54cm　胸围 80cm　袖长 12cm

【工　　具】12 号棒针　缝衣针

【材　　料】灰色羊毛绒线 500g

【密　　度】10cm² : 30 针 × 40 行

【附　　件】纽扣 4 枚

【制作过程】

毛衣用棒针编织，由 2 片前片、1 片后片、2 片袖片组成，从下往上编织。

1. 先编织前片。分右前片和左前片编织。右前片：(1) 先用下针起针法起 60 针，先织 3cm 花样 B 后，改织花样 A，侧缝不用加减针，织 22cm 时改织全下针，再织 6cm 至袖窿。(2) 袖窿以上的编织。袖窿平收 6 针后减针，方法是：每 2 行减 1 针减 6 次，共减 6 针，不加不减织 80 行至肩部。(3) 同时从袖窿算起织至 15cm 时，门襟平收 8 针后，开始领窝减针，方法是：每 2 行减 1 针减 16 次，不加不减至肩部余 24 针，其中结构图中的虚线内织适当针数花样 B。(4) 相同的方法、相反的方向编织左前片。

2. 编织后片。(1) 先用下针起针法起 120 针，先织 3cm 花样 B 后，改织花样 A，侧缝不用加减针，织 22cm 时，改织全下针，再织 6cm 至袖窿。(2) 袖窿以上的编织。袖窿两边平收 6 针后减针，方法与前片袖窿一样。　(3) 同时从袖窿算起织至 84 行时，开后领窝，中间平收 40 针，然后两边减针，方法是：每 2 行减 1 针减 4 次，织至两边肩部余 24 针，其中结构图中的虚线内织适当针数的花样 B。

3. 编织袖片。从袖口织起，用下针起针法起 102 针，织单罗纹，同时开始袖山减针，方法是：每 2 行减 2 针减 8 次，每 2 行减 1 针减 16 次，共减 32 针，编织完 12cm 后余 38 针，收针断线。同样方法编织另一片袖片。

4. 缝合。将前片的侧缝与后片的侧缝对应缝合，前片肩部与后片肩部对应缝合，再将 2 片袖片的袖下缝后，袖山边线与衣身的袖窿边对应缝合。

5. 领子编织。领圈边挑 112 针，织 8 行全下针，收针断线，形成圆领。

6. 两边门襟分别挑 138 针，织花样 C，收针断线。

7. 缝上纽扣。毛衣编织完成。

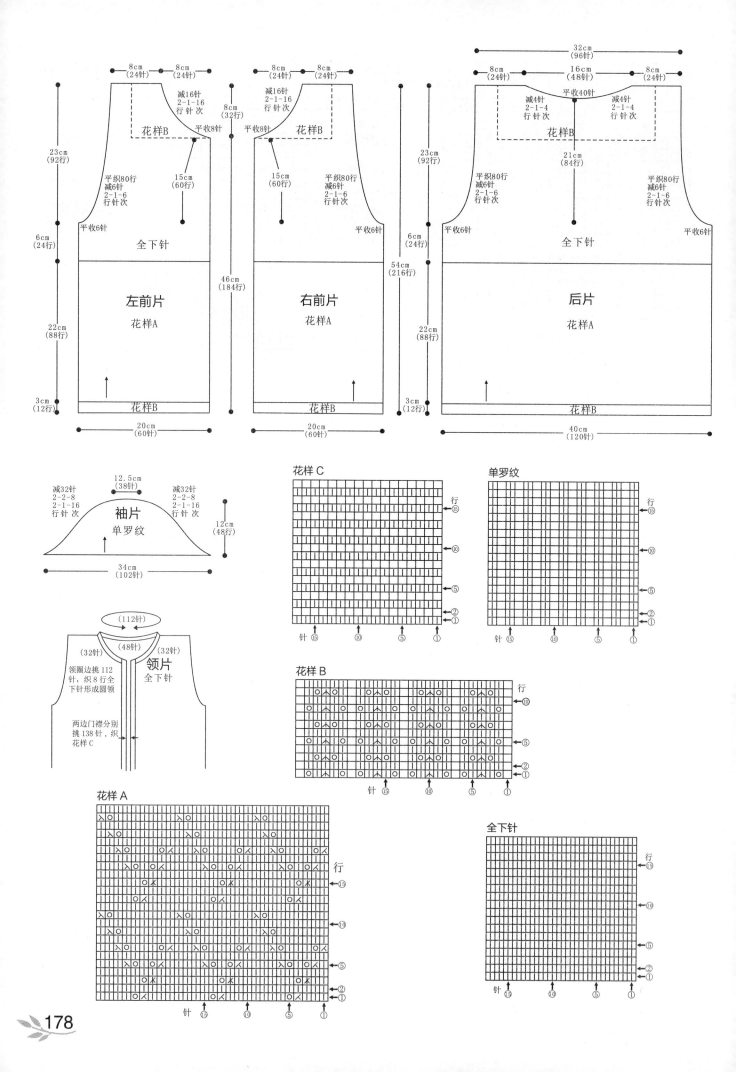

NO.61

【成品尺寸】衣长 53cm　胸围 94cm　袖长 53cm

【工　　具】12号棒针　缝衣针

【材　　料】绿色羊毛绒线 500g　灰色段染线少许

【密　　度】$10cm^2$：30 针 ×40 行

【附　　件】肩部纽扣 4 枚　刺绣图案

【制作过程】

毛衣用棒针编织，由 1 片前片、1 片后片、2 片袖片组成，从下往上编织。

1. 先编织前片。(1) 先用下针起针法起 141 针，先织 4cm 双罗纹后，改织全下针，侧缝不用加减针，织 27cm 至袖窿。(2) 袖窿以上的编织。袖窿平收 4 针后减针，方法是：每 2 行减 1 针减 5 次，共减 5 针，不加不减织 78 行至肩部。(3) 同时从袖窿算起织至 56 行时，中间平收 31 针后，开始两边领窝减针，方法是：每 2 行减 1 针减 16 次，不加不减织至肩部余 30 针。

2. 编织后片。(1) 先用下针起针法起 141 针，先织 4cm 双罗纹后，改织全下针，侧缝不用加减针，织 27cm 至袖窿。(2) 袖窿以上的编织。袖窿两边平收 4 针后减针，方法与前片袖窿一样。(3) 不用领窝减针。

3. 编织袖片。(1) 从袖口织起，用下针起针法起 66 针，先织 4cm 双罗纹后，改织花样，袖下加针，方法是：每 8 行加 1 针加 18 次，编织 36cm 至袖窿。(2) 袖窿两边平收 4 针后，开始袖山减针，方法是：每 2 行减 2 针减 6 次，每 2 行减 1 针减 20 次，各减 32 针，编织完 13cm 后余 30 针，收针断线。同样方法编织另一片袖片。

4. 后肩挑 123 针，织 4cm 双罗纹，前领窝至肩部挑 140 针，织 4cm 双罗纹，肩部重叠缝上纽扣。

5. 缝合。将前片的侧缝与后片的侧缝对应缝合，再将 2 片袖片的袖下缝合后，袖山边线与衣身的袖窿边对应缝合。

6. 缝上前片刺绣图案。毛衣编织完成。

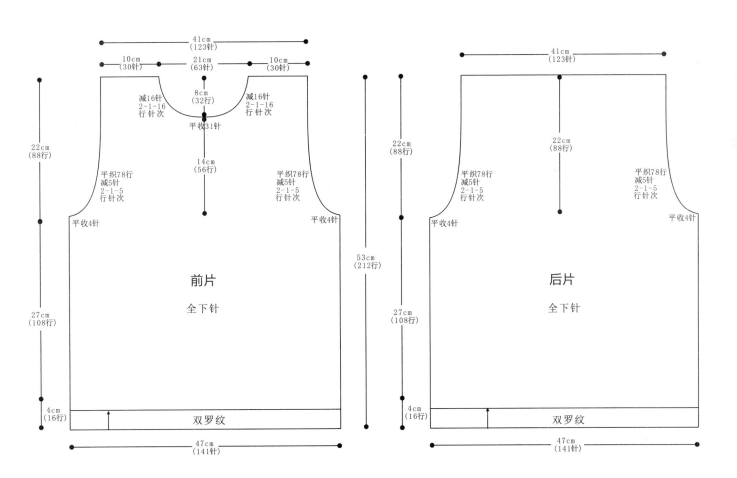

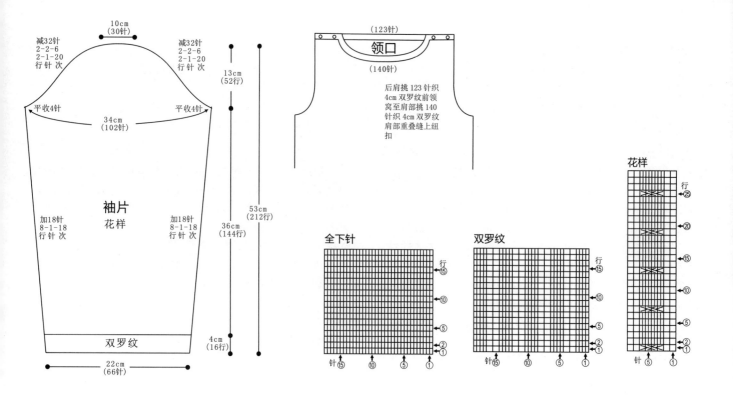

NO.62

【成品尺寸】衣长 58cm 胸围 108cm 肩宽 51cm 袖长 35cm

【工　　具】12 号棒针

【材　　料】粉色棉线 500g

【密　　度】10cm² : 26 针 × 31 行

【附　　件】蕾丝花边 1 条

【制作过程】

1. 后片：起 138 针，织双罗纹，织 6cm 的高度，改为花样 A、花样 B 组合编织，两侧各织 6 针上针，如结构图所示，织至 41cm，两侧各平收 4 针，继续往上织至 57cm，中间平收 42 针，两侧按每 2 行减 1 针减 2 次的方法后领减针，最后两肩部各余下 42 针，后片共织 58cm 长。

2. 前片：起 138 针，织双罗纹，织 6cm 的高度，将织片两端分别挑起 4 针编织，一边织一边向中间挑加针，加针方法为每 2 行加 1 针加 4 次，每 2 行加 2 针加 4 次，花样 A、花样 B 组合编织，两侧各织 6 针上针，如结构图所示，织 16 行后，将中间

132 针同时挑起编织，织至 41cm，两侧各平收 4 针，继续往上织至 49cm，中间平收 20 针，两侧按每 2 行减 2 针减 2 次，每 2 行减 1 针减 9 次的方法前领减针，最后两肩部各余下 42 针，前片共织 58cm 长。

3. 袖片：起 64 针，织双罗纹，织 6cm 的高度，改为花样 A、花样 B 组合编织，两侧各织 9 针上针，如结构图所示，一边织一边按每 8 行加 1 针加 11 次的方法两侧加针，织至 35cm 的高度，织片变成 86 针，袖片共织 35cm 长，将袖底缝合。

4. 领子：领圈挑起 108 针，织双罗纹，共织 2.5cm 的长度。

5. 收尾：缝上蕾丝花边。

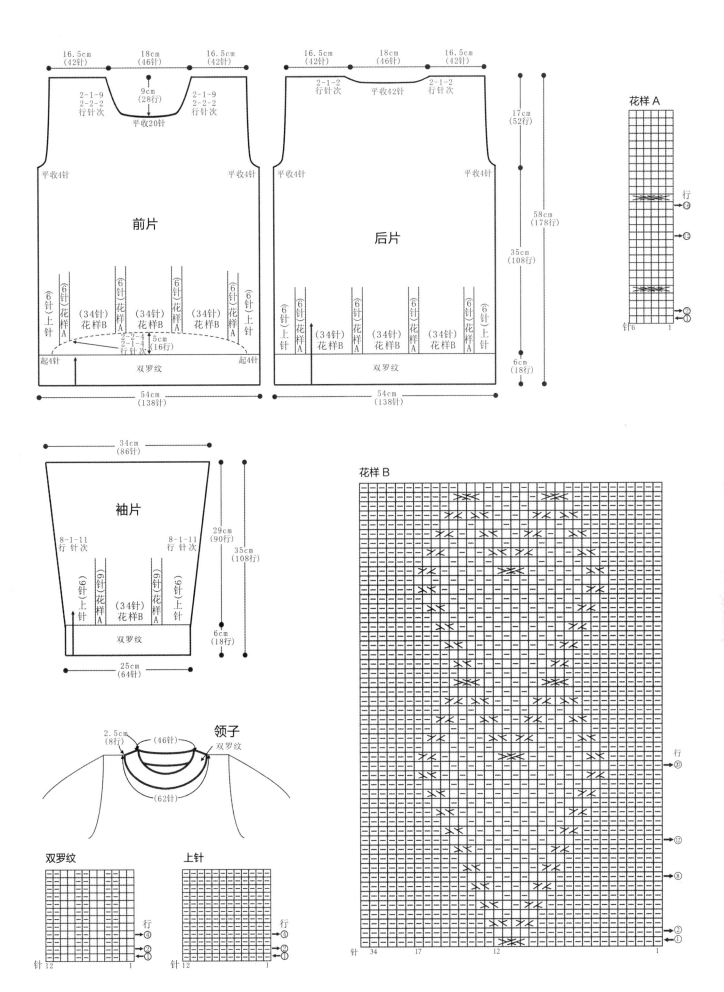

花样 A

花样 B

双罗纹

上针

前片

后片

袖片

领子

NO.63

【成品尺寸】衣长 47cm　胸围 43cm　袖长 55cm
【工　　具】10 号棒针　缝衣针
【材　　料】咖啡色羊毛绒线 600g
【密　　度】10cm² : 30 针 × 40 行
【附　　件】纽扣 1 枚

【制作过程】

毛衣用棒针编织，由 2 片前片、1 片后片、2 片袖片组成，从下往上编织。

1. 先编织前片。分右前片和左前片编织。(1) 右前片：用下针起针法起 64 针，织全上针，其中门襟侧的 10 针织单罗纹，侧缝不用加减针，织 25cm 至袖窿。(2) 袖窿以上的编织。右侧袖窿平收 6 针后减 10 针，方法是：每织 2 行减 2 针减 5 次，不加不减织 78 行至肩部。(3) 同时进行领窝减针，减针时在门襟的 10 针单罗纹的内侧减针，方法是：每 4 行减 2 针减 2 次，每 4 行减 1 针减 20 次，共减 24 针，织 22cm 至肩部余 24 针。(4) 相同的方法、相反的方向编织左前片。

2. 编织后片。(1) 用下针起针法起 128 针，织全上针，侧缝不用加减针，织 25cm 至袖窿。(2) 袖窿以上的编织。袖窿开始减针，方法与前片袖窿一样。(3) 同时织至从袖窿算起 20cm 时，开后

领窝，中间平收 40 针，两边各减 4 针，方法是：每 2 行减 1 针减 4 次，织至两边肩部余 24 针。

3. 编织袖片。从袖口织起，用下针起针法起 90 针，先织 20cm 花样后，分散减 18 针，此时针数为 72 针，并改织全上针，袖下加 15 针，方法是：每 4 行加 1 针加 15 次，编织 22cm 至袖窿。袖窿平收 6 针后，开始袖山减针，方法是：两边分别每 2 行减 2 针减 6 次，每 2 行减 1 针减 20 次，编织完 13cm 后余 26 针，收针断线。同样方法编织另一片袖片。

4. 缝合。将前片的侧缝与后片的侧缝对应缝合，前后片的肩部对应缝合，再将 2 片袖片的袖山边线与衣身的袖窿边对应缝合。

5. 前片的衬边另织起 18 针，织 22cm 单罗纹，缝合到前片相应的位置。

6. 用缝衣针缝上纽扣，毛衣编织完成。

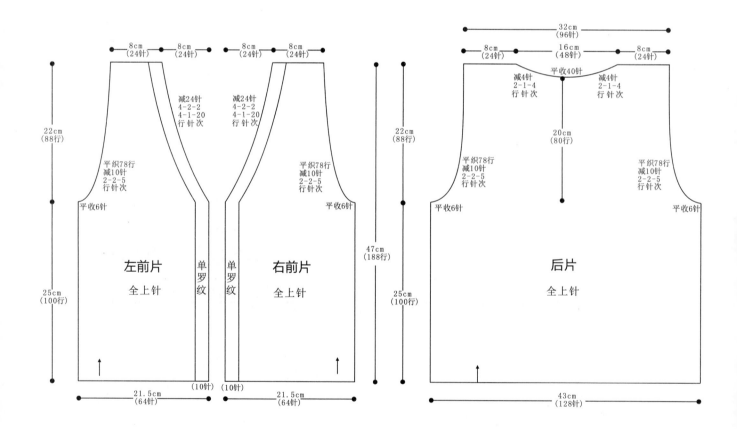

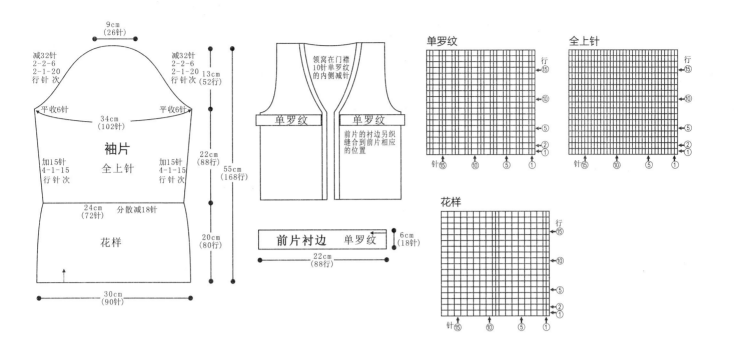

减32针
2-2-6
2-1-20
行 针 次

9cm
(26针)

减32针
2-2-6
2-1-20
行 针 次

13cm
(52行)

平收6针

34cm
(102针)

平收6针

22cm
(88行)

55cm
(168行)

袖片

加15针
4-1-15
行 针 次

全上针

加15针
4-1-15
行 针 次

24cm
(72针)   分散减18针

花样

20cm
(80行)

30cm
(90针)

领窝在门襟
10针单罗纹
的内侧减针

单罗纹   单罗纹

前片的衬边另织
缝合到前片相应
的位置

前片衬边   单罗纹

6cm
(18针)

22cm
(88行)

单罗纹   全上针   行

针   针

花样

行

针

NO.64

【成品尺寸】衣长 70cm   胸围 84cm   袖长 57cm

【工　　具】12 号棒针   缝衣针

【材　　料】米色羊毛绒线 500g

【密　　度】10cm² ：30 针 ×40 行

【制作过程】

毛衣用棒针编织，由 1 片前片、1 片后片、2 片袖片组成，从下往上编织。

1. 先编织前片。(1) 先用下针起针法起 126 针，先织 5cm 双罗纹后，改织花样 B，侧缝不用加减针，织 23cm 时改织 10cm 双罗纹，再改织 10cm 花样 A 至袖窿。(2) 袖窿以上的编织。袖窿平收 6 针后减针，方法是：每 2 行减 2 针减 3 次，共减 6 针，不加不减织 82 针至肩部。(3) 同时从袖窿算起织至 12cm 时，中间平收 20 针后，开始两边领窝减针，方法是：每 2 行减 1 针减 14 次，不加不减织 12 行至肩部余 27 针。

2. 编织后片。(1) 先用下针起针法起 126 针，先织 5cm 双罗纹后，改织花样 B，侧缝不用加减针，织 23cm 时改织 10cm 双罗纹，再改织 10cm 花样 A 至袖窿。(2) 袖窿以上的编织。袖窿两边平收 6 针后减针，方法与前片袖窿一样。(3) 同时从袖窿算起织至 20cm 时，开后领窝，中间平收 40 针，然后两边减针，方法是：每 2 行减 1 针减 4 次，织至两边肩部余 27 针。

3. 编织袖片。(1) 从袖口织起，用下针起针法起 66 针，先织 5cm 双罗纹后，改织花样 B，袖下加针，方法是：每 8 行加 1 针加 18 次，编织 39cm 至袖窿。(2) 袖窿两边平收 6 针后，开始袖山减针，方法是：每 2 行减 2 针减 6 次，每 2 行减 1 针减 20 次，

各减 32 针，编织完 13cm 后余 26 针，收针断线。同样方法编织另一片袖片。

4. 缝合。将前片的侧缝与后片的侧缝对应缝合，前片肩部与后片肩部对应缝合，再将 2 片袖片的袖下缝合后，袖山边线与衣身的袖窿边对应缝合。

5. 领子编织。领圈边挑 142 针，织 3cm 双罗纹，收针断线，形成圆领。毛衣编织完成。

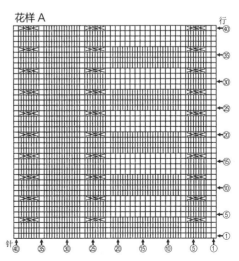

花样 A   行

针

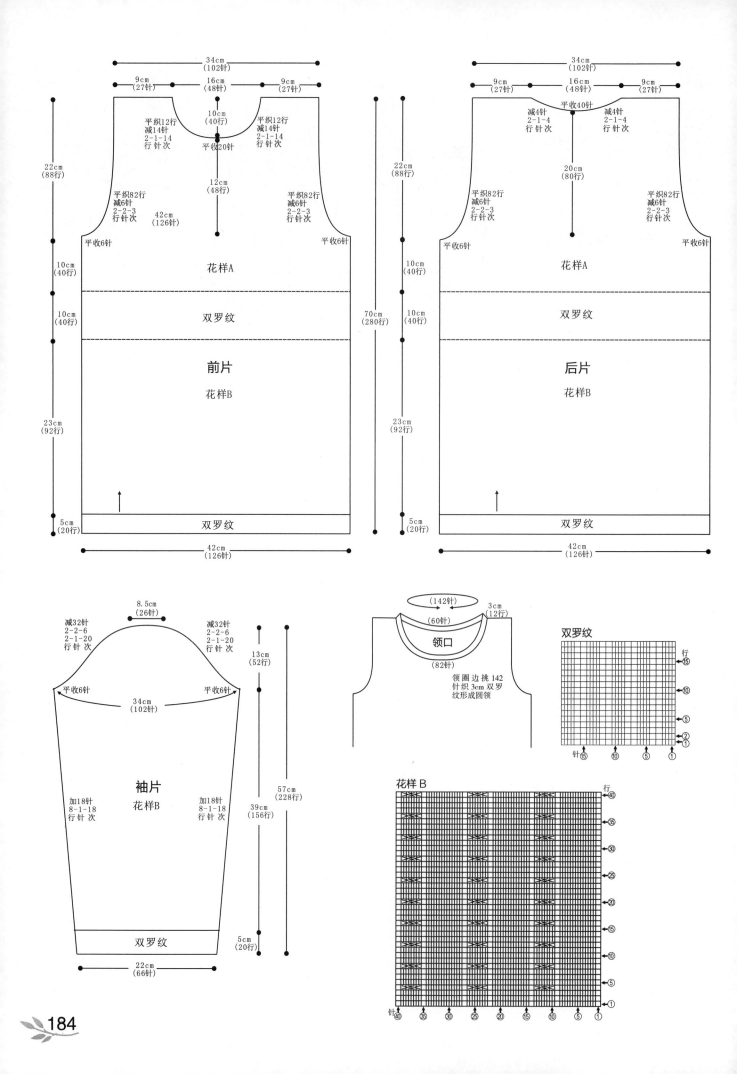

前片 (Front piece):

34cm (102针)

9cm (27针) · 16cm (48针) · 9cm (27针)

10cm (40行)

平织12行 减14针 2-1-14 行针次

平收20针

平织12行 减14针 2-1-14 行针次

12cm (48行)

22cm (88行)

平织82行 减6针 2-2-3 行针次

42cm (126针)

平织82行 减6针 2-2-3 行针次

平收6针 · 平收6针

花样A

10cm (40行)

双罗纹

10cm (40行)

前片

花样B

23cm (92行)

5cm (20行) 双罗纹

42cm (126针)

后片 (Back piece):

34cm (102针)

9cm (27针) · 16cm (48针) · 9cm (27针)

减4针 2-1-4 行针次

平收40针

减4针 2-1-4 行针次

20cm (80行)

22cm (88行)

70cm (280行)

平织82行 减6针 2-2-3 行针次

平织82行 减6针 2-2-3 行针次

平收6针 · 平收6针

花样A

10cm (40行)

双罗纹

10cm (40行)

后片

花样B

23cm (92行)

5cm (20行) 双罗纹

42cm (126针)

袖片 (Sleeve):

8.5cm (26针)

减32针 2-2-6 2-1-20 行针次

减32针 2-2-6 2-1-20 行针次

平收6针 · 平收6针

34cm (102针)

13cm (52行)

57cm (228行)

袖片 花样B

加18针 8-1-18 行针次

加18针 8-1-18 行针次

39cm (156行)

双罗纹

5cm (20行)

22cm (66针)

领口 (Neckline):

(142针)

(60针)

3cm (12行)

领口

(82针)

领圈边挑142针织3cm双罗纹形成圆领

双罗纹:

行 ⑮ ⑩ ⑤ ② ①

针 ⑮ ⑩ ⑤ ①

花样B:

行 ⑳ ㉟ ㉚ ㉕ ⑳ ⑮ ⑩ ⑤ ①

针 ⑳ ㉟ ㉚ ㉕ ⑳ ⑮ ⑩ ⑤ ①

NO.65

【成品尺寸】衣长57cm　胸围84cm　袖长51cm
【工　　具】10号棒针　缝衣针
【材　　料】蓝色羊毛绒线600g
【密　　度】10cm² : 30针×40行
【附　　件】纽扣6枚

【制作过程】

毛衣用棒针编织，由2片前片、1片后片、2片袖片组成，从下往上编织。

1.先编织前片。分右前片和左前片编织。(1)右前片：用下针起针法起63针，织花样A，侧缝不用加减针，织35cm至袖隆。(2)袖隆以上的编织。右侧袖隆平收6针后减9针，方法是：每织2行减1针减9次，不加不减织70行至肩部。(3)同时从袖隆算起织至14cm时，开始领窝减针，方法是：每2行减2针减8次，每2行减1针减8次，织8cm至肩部余24针。(4)相同的方法、相反的方向编织左前片。

2.编织后片。(1)用下针起针法起126针，织花样A，侧缝不用加减针，织35cm至袖隆。(2)袖隆以上的编织。袖隆开始减针，方法与前片袖隆一样。(3)同时织至从袖隆算起20cm时，开后领窝，中间平收40针，两边各减4针，方法是：每2行减1针减4次，织至两边肩部余24针。

3.编织袖片。从袖口织起，用下针起针法起66针，织花样A，袖下加18针，方法是：每8行加1针加18次，编织38cm至袖隆，袖隆平收6针后，开始袖山减针，方法是：两边分别每2行减2针减6次，每2行减1针减20次，编织完13cm后余26针，收针断线。同样方法编织另一片袖片。

4.缝合。将前片的侧缝与后片的侧缝对应缝合，前后片的肩部对应缝合，再将2片袖片的袖山边线与衣身的袖隆边对应缝合。

5.帽片编织。领圈边挑150针，织32cm花样A，两边平收63针，中间的24针继续编织21cm，然后A与B缝合、C与D缝合，形成帽子。

6.门襟编织。两边门襟至帽檐挑348针，织24行花样B，右片均匀地开纽扣孔共6个。

7.用缝衣针缝上纽扣，衣服完成。

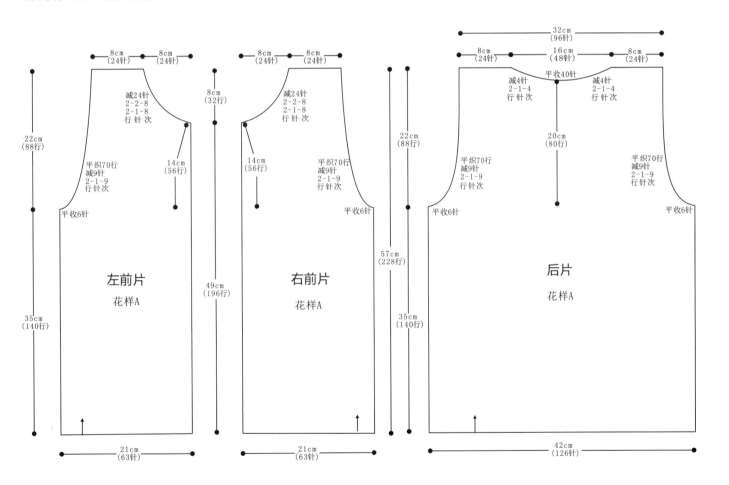

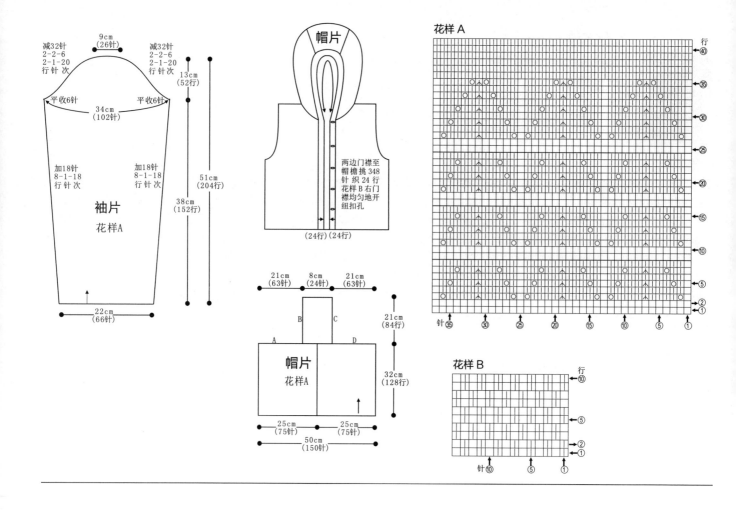

NO.66

【成品尺寸】衣长52cm 胸围88cm 袖长60cm
【工　　具】12号棒针 缝衣针
【材　　料】深绿色羊毛绒线500g
【密　　度】10cm²：30针×40行
【附　　件】纽扣5枚

【制作过程】

毛衣用棒针编织，由2片前片、1片后片、2片袖片组成，从下往上编织。

1. 先编织前片。分右前片和左前片编织。右前片：(1)用下针起针法起66针，先织2cm单罗纹，然后改织全下针，门襟处留12针继续织单罗纹，侧缝不用加减针，织27cm至袖窿。(2)袖窿以上的编织。袖窿平收6针后减针，方法是：每2行减2针减3次，共减6针，不加不减织86行至肩部。(3)同时从袖窿算起织至15cm时，门襟平收12针后，开始领窝减针，方法是：每2行减1针减15次，不加不减织至肩部余27针。(4)相同的方法、相反的方向编织左前片。

2. 编织后片。(1)先用下针起针法起132针，先织2cm单罗纹，然后改织全下针，侧缝不用加减针，织至27cm至袖窿。(2)袖窿以上的编织。织片中间打皱褶后，继续编织，袖窿两边平收6针后减针，方法与前片袖窿一样。(3)同时从袖窿算起织至20cm

时，开后领窝，中间平收42针，然后两边减针，方法是：每2行减1针减6次，织至两边肩部余27针。

3. 编织袖片。(1)从袖口织起，用下针起针法起66针，先织8行单罗纹后，改织花样，袖下加针，方法是：每10行加1针加18次，编织45cm至袖窿。(2)袖窿两边平收6针后，开始袖山减针，方法是：每2行减2针减6次，每2行减1针减20次，各减32针，编织完13cm后余26针，收针断线。同样方法编织另一片袖片。

4. 缝合。将前片的侧缝与后片的侧缝对应缝合，前片肩部与后片肩部对应缝合，再将2片袖片的袖下缝合后，袖山边线与衣身的袖窿边对应缝合。

5. 领子编织。领圈边挑138针，织6cm花样，收针断线，形成翻领。

6. 缝上纽扣。毛衣编织完成。

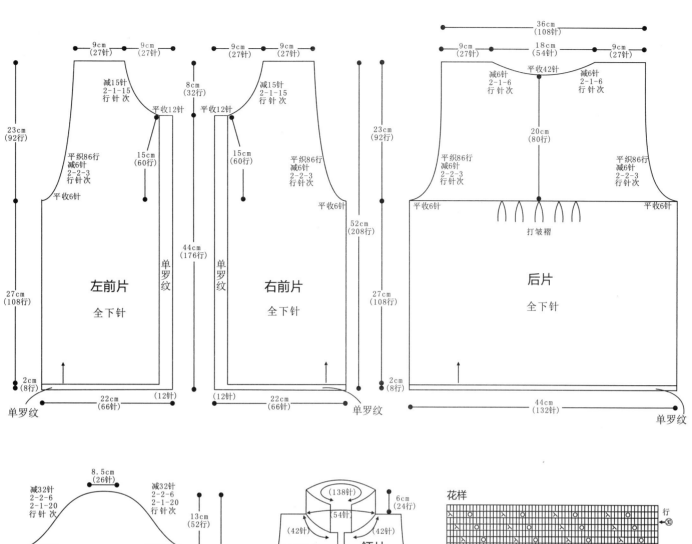

左前片
全下针

9cm (27针) 9cm (27针)
减15针 2-1-15 行针次
平收12针
23cm (92行)
8cm (32行)
平织86行 减6针 2-2-3 行针次
15cm (60行)
平收6针
44cm (176行)
单罗纹
27cm (108行)
2cm (8行)
单罗纹
22cm (66针)
(12针)

右前片
全下针

9cm (27针) 9cm (27针)
减15针 2-1-15 行针次
平收12针
8cm (32行)
15cm (60行)
平织86行 减6针 2-2-3 行针次
平收6针
23cm (92行)
52cm (208行)
单罗纹
27cm (108行)
2cm (8行)
(12针)
22cm (66针)
单罗纹

后片
全下针

36cm (108针)
9cm (27针) 18cm (54针) 9cm (27针)
平收42针
减6针 2-1-6 行针次
减6针 2-1-6 行针次
20cm (80行)
平织86行 减针 2-2-3 行针次
平织86行 减针 2-2-3 行针次
平收6针 平收6针
打皱褶
2cm (8行)
44cm (132针)
单罗纹

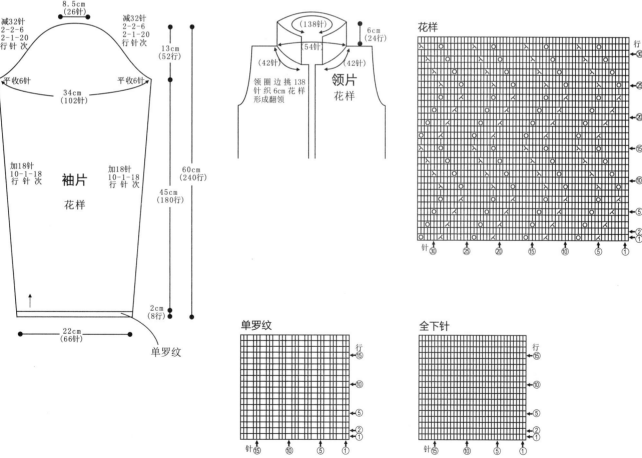

袖片
花样

8.5cm (26针)
减32针 2-2-6 2-1-20 行针次
减32针 2-2-6 2-1-20 行针次
平收6针 平收6针
34cm (102针)
13cm (52行)
加18针 10-1-18 行针次
加18针 10-1-18 行针次
60cm (240行)
45cm (180行)
2cm (8行)
22cm (66针)
单罗纹

领片
花样

(138针)
(54针)
(42针) (42针)
6cm (24行)
领圈边挑138 针织6cm花样 形成翻领

花样

行 针

单罗纹

全下针

187

NO.67

【成品尺寸】衣长72cm　胸围96cm　袖长55cm
【工　　具】5号棒针　6号棒针　绣花针
【材　　料】绿色粗毛线1000g
【密　　度】10cm²：18针×24行
【附　　件】盘扣5枚

【制作过程】

1.前片：用6号棒针起44针，从下往上织双罗纹9cm后，换5号棒针织10cm花样A，织口袋，继续织30cm花样A后开挂肩，按图解分别收袖窿、收领子。用相同方法织另一片。

2.后片：用6号棒针起88针，从下往上织双罗纹9cm后，换5号棒针按后片图解编织。

3.袖片：用6号棒针起36针，从下往上织双罗纹9cm后，换5号棒针织花样C，放针，织到33cm处按图解收袖山。

4.帽子：用6号棒针起10针，织下针，按图放针编织。

5.将前后片、袖片、帽子缝合后按图挑门襟，织5cm双罗纹，收针，用6号棒针织3针圆绳10cm，做1个毛线球挂在帽尖，按图解钉上纽扣。

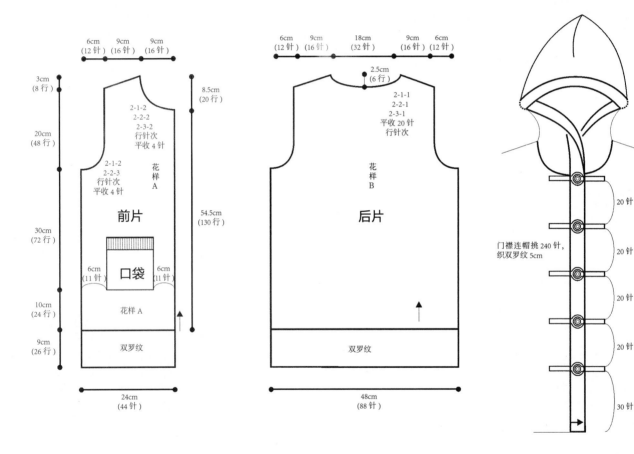

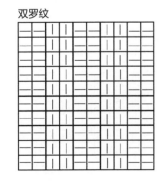

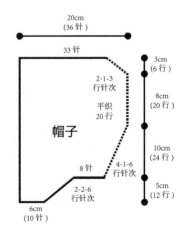

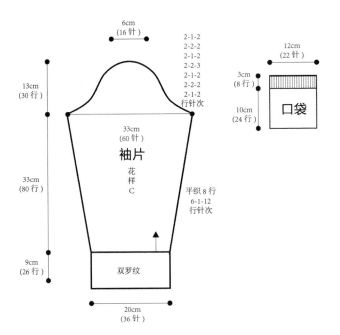

6cm
(16针)

2-1-2
2-2-2
2-1-2
2-2-3
2-1-2
2-2-2
2-1-2
行针次

13cm
(30行)

33cm
(60针)

袖片

花
样
C

33cm
(80行)

平织8行
6-1-12
行针次

9cm
(26行)

双罗纹

20cm
(36针)

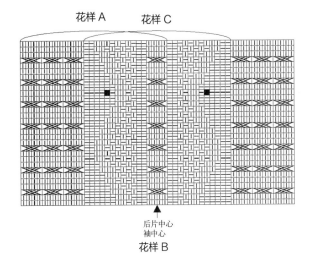

3cm
(8行)

12cm
(22针)

10cm
(24行)

口袋

花样A   花样C

后片中心
袖中心

花样B

NO.68

【成品尺寸】衣长43cm   衣宽56cm   袖长33cm

【工   具】6号棒针

【材   料】杏色棉线420g

【密   度】10cm² ：11 针 ×18 行

【制作过程】

1. 前、后片：以前片为例：(1) 起50针，双罗纹织18行。(2)
排花编织，织28行后两侧开始减针，各织32行后收针，减针
按减9针编织。相同方法织另一片。

2. 袖片（2片）：起62针，排花编织，同时两侧按减17针编织，
织60行后收针。相同方法织另一片。

3. 缝合：将前、后片、袖片对齐缝合。注意袖窿缝合不包括双
罗纹处。

4. 领子：如衣领图、前片、袖片、后片各挑32针、28针。共挑
120针，双罗纹织36行后收针。

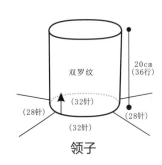

双罗纹

(32针)

(28针)   (32针)   (28针)

领子

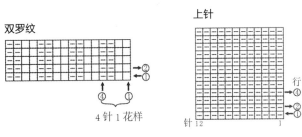

双罗纹

4针1花样

上针

行
针12   1

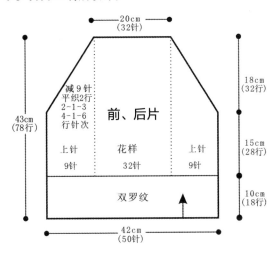

20cm
(32针)

减9针
平织2行
2-1-3
4-1-6
行针次

前、后片

18cm
(32行)

43cm
(78行)

上针
9针

花样
32针

上针
9针

15cm
(28行)

双罗纹

10cm
(18行)

42cm
(50针)

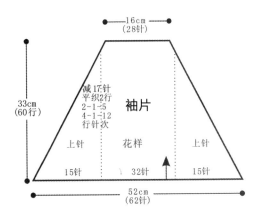

16cm
(28针)

减17针
平织2行
2-1-5
4-1-12
行针次

袖片

33cm
(60行)

上针
15针

花样
32针

上针
15针

52cm
(62针)

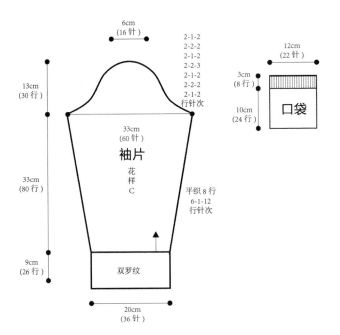

189

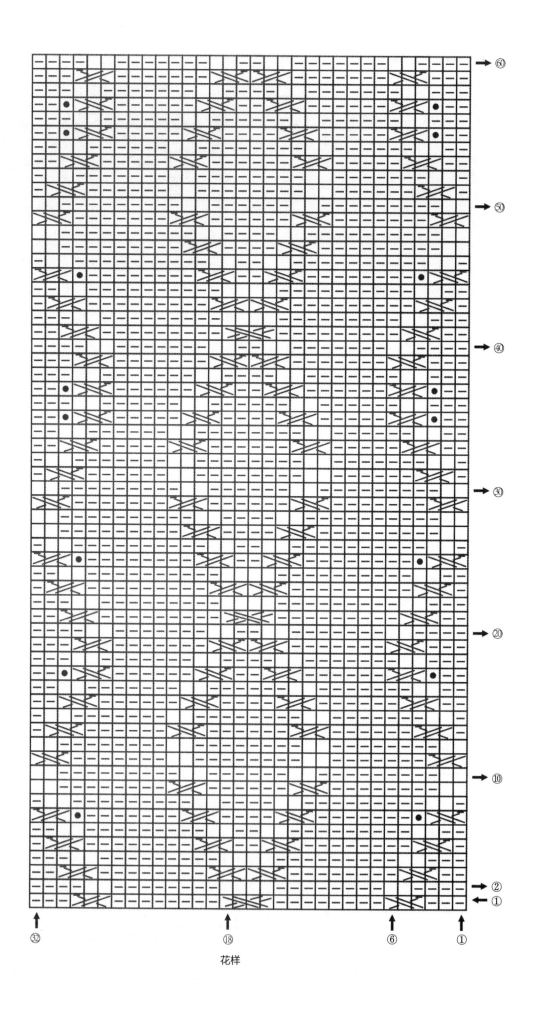

花样

NO.69

【成品尺寸】衣长83cm　胸围70cm
【工　　具】12号棒针　缝衣针
【材　　料】浅驼色羊毛绒线500g
【密　　度】10cm²：30针×40行
【附　　件】口袋绳子2根

【制作过程】

毛衣用棒针编织，由一片横织的环形片和前后片组成，从上往下编织。

1.先织领口环形片。从肩部起织，下针起针法起66针，织花样A，采用退引针法，织至外圆120cm时收针断线，并缝合形成1个圆形，环形片完成。

2.开始分出前片、后片和2片袖口，并改织花样B。(1)前片：挑出105针，继续编织花样B，侧缝不用加减针，织至55cm时改织6cm全下针，对折缝合形成双层平针底边。(2)后片：挑出94针，编织方法与前片一样。

3.袖口不用编织，自然形成袖口。

4.缝合。将前片的侧缝和后片的侧缝缝合。

5.领口不用编织，自然形成圆领。

6.两边口袋另织，起54针，织14cm全下针，袋口处用绳子套紧，缝合到前片相应的位置。毛衣编织完成。

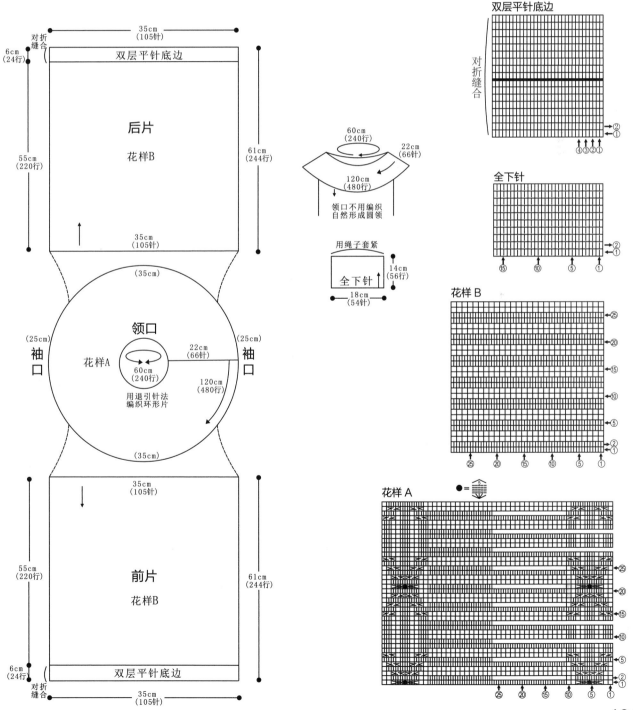

191

NO.70

【成品尺寸】衣长 61cm　胸围 76cm　袖长 65cm
【工　　具】12 号棒针　缝衣针
【材　　料】深绿色羊毛绒线 500g
【密　　度】10cm² : 30 针 × 40 行

【制作过程】

毛衣用棒针编织，由 1 片前片、1 片后片、2 片袖片组成，从下往上编织。

1. 先编织前片。 (1) 先用下针起针法起 114 针，先织 8cm 单罗纹后，改织花样，侧缝不用加减针，织 31cm 至袖窿。(2) 袖窿以上的编织。袖窿平收 4 针后减针，方法是：每 2 行减 1 针减 5 次，共减 5 针，不加不减织 78 行至肩部。(3) 同时从袖窿算起织至 14cm 时，中间平收 22 针后，开始两边领窝减针，方法是：每 2 行减 1 针减 16 次，不加不减织至肩部余 21 针。

2. 编织后片。(1) 先用下针起针法起 114 针，先织 8cm 单罗纹后，改织花样，侧缝不用加减针，织 31cm 至袖窿。 (2) 袖窿以上的编织。袖窿两边平收 4 针后减针，方法与前片袖窿一样。(3) 同时从袖窿算起织至 19cm 时，开后领窝，中间平收 42 针，然后两边减针，方法是：每 2 行减 1 针减 6 次，织至两边肩部余 21 针。

3. 编织袖片。(1) 从袖口织起，用下针起针法起 66 针，先织 8cm 单罗纹后，改织花样，袖下加针，方法是：每 8 行加 1 针加 18 次，编织 44cm 至袖窿。(2) 袖窿两边平收 4 针后，开始袖山减针，方法是：每 2 行减 2 针减 6 次，每 2 行减 1 针减 20 次，各减 32 针，编织完 13cm 后余 30 针，收针断线。同样方法编织另一片袖片。

4. 缝合。将前片的侧缝与后片的侧缝对应缝合，前片肩部与后片肩部对应缝合，再将 2 片袖片的袖下缝合后，袖山边线与衣身的袖窿边对应缝合。

5. 领子编织。领圈边挑 142 针，织 3cm 单罗纹，收针断线，形成圆领。毛衣编织完成。

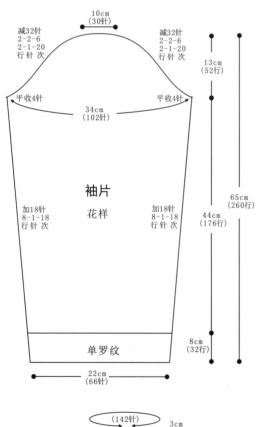

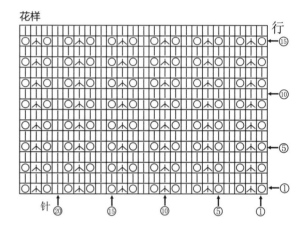

花样

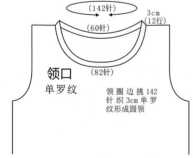

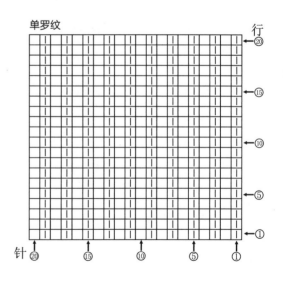

单罗纹

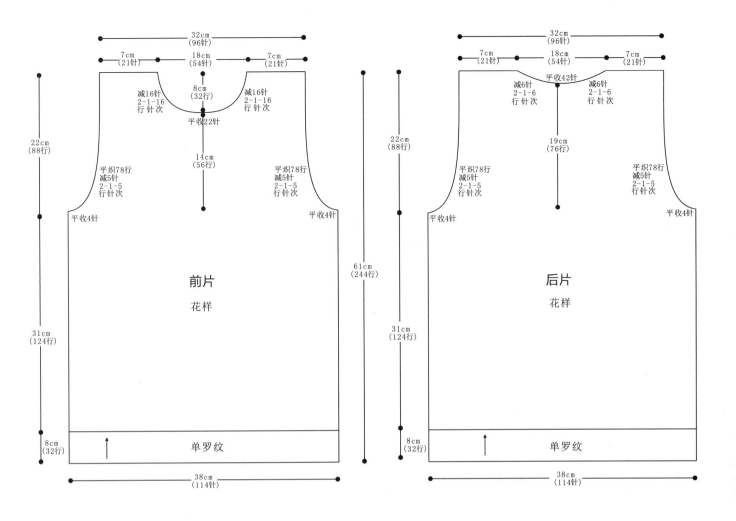

前片
花样
单罗纹

32cm
(96针)
7cm
(21针)
18cm
(54针)
7cm
(21针)
减16针
2-1-16
行针次
8cm
(32行)
减16针
2-1-16
行针次
平收22针
14cm
(56行)
22cm
(88行)
平织78行
减5针
2-1-5
行针次
平织78行
减5针
2-1-5
行针次
平收4针
平收4针
31cm
(124行)
8cm
(32行)
38cm
(114针)
61cm
(244行)

后片
花样
单罗纹

32cm
(96针)
7cm
(21针)
18cm
(54针)
7cm
(21针)
平收42针
减6针
2-1-6
行针次
减6针
2-1-6
行针次
19cm
(76行)
22cm
(88行)
平织78行
减5针
2-1-5
行针次
平织78行
减5针
2-1-5
行针次
平收4针
平收4针
31cm
(124行)
8cm
(32行)
38cm
(114针)

NO.71

【成品尺寸】衣长 54cm　胸围 84cm　袖长 56cm

【工　　具】12 号棒针　缝衣针

【材　　料】红色羊毛绒线 500g

【密　　度】10cm² ：30 针 ×40 行

【附　　件】纽扣 3 枚

【制作过程】

毛衣用棒针编织，由 2 片前片、1 片后片、2 片袖片组成，从下往上编织。

1. 先编织前片。分右前片和左前片编织。右前片：(1) 先用下针起针法起 63 针，织花样 B，门襟处留 8 针织花样 C，侧缝不用加减针，织 31cm 至袖窿，并改织花样 A。(2) 袖窿以上的编织。袖窿平收 4 针后减针，方法是：每 2 行减 1 针减 8 次，共减 8 针，不加不减织 76 行至肩部。(3) 同时从袖窿算起织至 15cm 时，门襟平收 8 针，开始领窝减针，方法是：每 2 行减 1 针减 16 次，不加不减至肩部余 27 针。(4) 相同的方法、相反的方向编织左前片。

2. 编织后片。(1) 先用下针起针法起 126 针，织花样 B，侧缝不用加减针，织至 31cm 至袖窿，并改织花样 A。(2) 袖窿以上的编织。袖窿两边平收 4 针后减针，方法与前片袖窿一样。(3) 同时从袖窿算起织至 21cm 时，开后领窝，中间平收 40 针，然后两边减针，方法是：每 2 行减 1 针减 4 次，织至两边肩部余 27 针。

3. 编织袖片。(1) 从袖口织起，用下针起针法起 66 针，先织 6cm 行双罗纹后，改织花样 B，袖下加针，方法是：每 8 行加 1 针加 18 次，编织 37cm 至袖窿。(2) 袖窿两边平收 4 针后，开始袖山减针，方法是：每 2 行减 2 针减 6 次，每 2 行减 1 针减 20 次，共减 32 针，编织完 13cm 后余 30 针，收针断线。同样方法编织另一片袖片。

4. 缝合。将前片的侧缝与后片的侧缝对应缝合，前片肩部与后片肩部对应缝合，再将 2 片袖片的袖下缝合后，袖山边线与衣身的袖窿边对应缝合。

5. 领子编织。领圈边挑 102 针，织 6cm 花样 C，收针断线，形成翻领。

6. 缝上纽扣。毛衣编织完成。

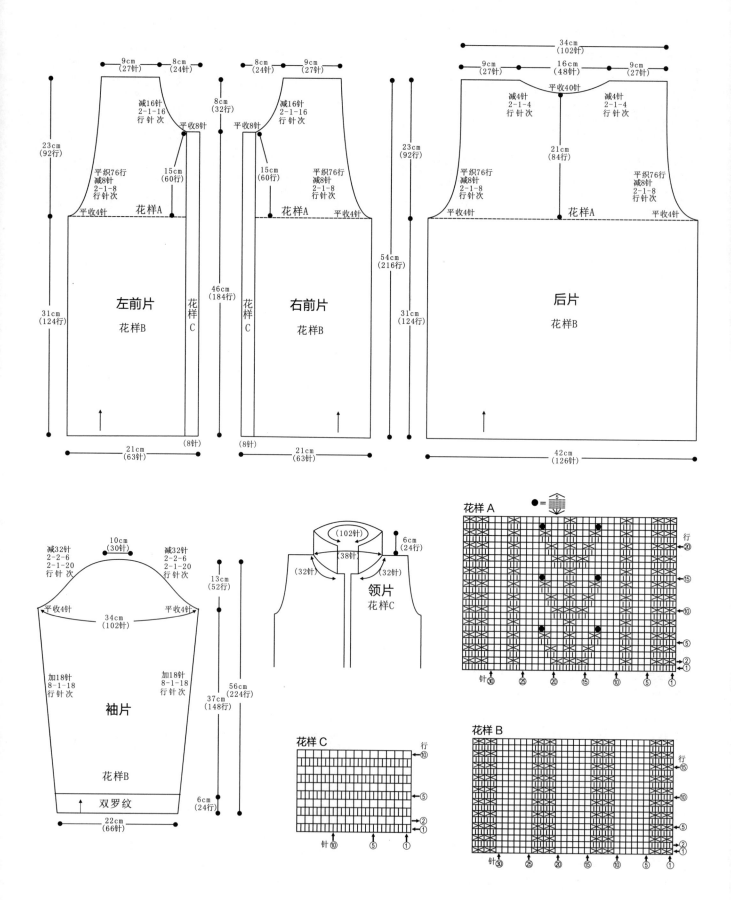

左前片
花样B

花样C

右前片
花样B

花样C

后片
花样B

袖片
花样B

双罗纹

领片
花样C

花样 A

花样 B

花样 C

9cm
(27针)
8cm
(24针)
减16针
2-1-16
行针次
平收8针
23cm
(92行)
平织76行
减8针
2-1-8
行针次
15cm
(60行)
平收4针
花样A
31cm
(124行)
21cm
(63针)
(8针)

8cm
(24针)
9cm
(27针)
减16针
2-1-16
行针次
平收8针
8cm
(32行)
15cm
(60行)
平织76行
减8针
2-1-8
行针次
平收4针
花样A
46cm
(184行)
54cm
(216行)
31cm
(124行)
(8针)
21cm
(63针)

34cm
(102针)
9cm
(27针)
16cm
(48针)
9cm
(27针)
平收40针
减4针
2-1-4
行针次
减4针
2-1-4
行针次
21cm
(84行)
平织76行
减8针
2-1-8
行针次
花样A
平织76行
减8针
2-1-8
行针次
平收4针
平收4针
23cm
(92行)
42cm
(126针)

减32针
2-2-6
2-1-20
行针次
10cm
(30针)
减32针
2-2-6
2-1-20
行针次
平收4针
平收4针
34cm
(102针)
加18针
8-1-18
行针次
加18针
8-1-18
行针次
13cm
(52行)
37cm
(148行)
56cm
(224行)
6cm
(24行)
22cm
(66针)

(102针)
6cm
(24行)
(38针)
(32针)
(32针)

● = 5

行
20
15
10
5
2
1
针 30 25 20 15 10 5 1

行
15
10
5
2
1
针 30 25 20 15 10 5 1

行
10
5
2
1
针 10 5 1

NO.72

【成品尺寸】衣长50cm 胸围96cm
【工　　具】12号棒针 缝衣针
【材　　料】红色与白色羊毛绒线各200g
【密　　度】10cm² : 30针×40行
【制作过程】

毛衣用棒针编织，由1片前片、1片后片、2片袖片组成，从下往上编织。

1.先编织前片。(1)先用下针起针法起144针，先织6cm单罗纹后，改织全下针，并编入图案和配色，侧缝不用加减针，织22cm至袖窿。(2)袖窿以上的编织。袖窿平收6针后减针，方法是：每2行减2针减5次，共减10针，不加不减织78行至肩部。(3)同时从袖窿算起织至14cm时，中间平收26针后，开始两边领窝减针，方法是：每2行减1针减16次，不加不减织至肩部余27针。

2.编织后片。(1)先用下针起针法起144针，先织6cm单罗纹后，改织全下针，并编入图案和配色，侧缝不用加减针，织22cm至袖窿。(2)袖窿以上的编织。袖窿两边平收6针后减针，方法与前片袖窿一样。(3)同时从袖窿算起织至19cm时，开后领窝，中间平收46针，然后两边减针，方法是：每2行减1针减6次，织至两边肩部余27针。

3.缝合。将前片的侧缝与后片的侧缝对应缝合，前片肩部与后片肩部对应缝合。

4.袖口编织。两边袖口分别挑120针，织2cm单罗纹。

5.领子编织。领圈边挑142针，织2cm单罗纹，收针断线，形成圆领。毛衣编织完成。

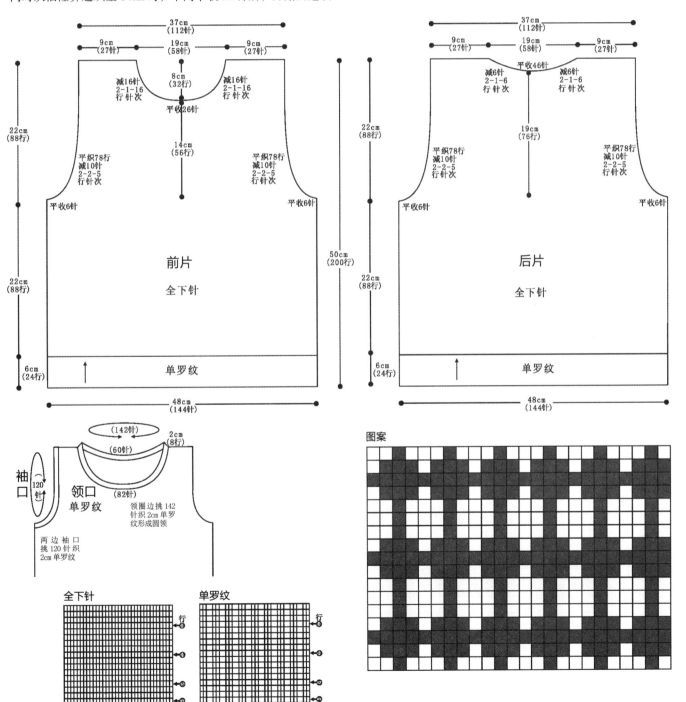

NO.73

【成品尺寸】衣长61cm　胸围86cm　袖长55cm
【工　　具】12号棒针　缝衣针
【材　　料】浅驼色羊毛绒线500g
【密　　度】10cm² : 30针 × 40行

【制作过程】

毛衣用棒针编织，由1片前片、1片后片、2片袖片组成，从下往上编织。

1. 先编织前片。 (1) 先用下针起针法起130针，先织8cm双罗纹后，改织花样，侧缝不用加减针，织31cm至袖窿。(2) 袖窿以上的编织。袖窿平收6针后减针，方法是：每2行减2针减3次，共减6针，不加不减织82行至肩部。(3) 同时从袖窿算起织至14cm时，中间平收26针后，开始两边领窝减针，方法是：每2行减1针减16次，不加不减织至肩部余24针。

2. 编织后片。(1) 先用下针起针法起130针，先织8cm双罗纹后，改织花样，侧缝不用加减针，织31cm至袖窿。(2) 袖窿以上的编织。袖窿两边平收6针后减针，方法与前片袖窿一样。(3) 同时从袖窿算起织至19cm时，开后领窝，中间平收46针，然后两边减针，方法是：每2行减1针减6次，织至两边肩部余24针。

3. 编织袖片。(1) 从袖口织起，用下针起针法起66针，先织8cm双罗纹后，改织花样，袖下加针，方法是：每6行加1针加18次，编织34cm至袖窿。(2) 袖窿两边平收6针后，开始袖山减针，方法是：每2行减2针减6次，每2行减1针减20次，各减32针，编织完13cm后余26针，收针断线。同样方法编织另一片袖片。

4. 缝合。将前片的侧缝与后片的侧缝对应缝合，前片肩部与后片肩部对应缝合，再将2片袖片的袖下缝合后，袖山边线与衣身的袖窿边对应缝合。

5. 领子编织。领圈边挑142针，织8cm双罗纹，收针断线，形成圆领。毛衣编织完成。

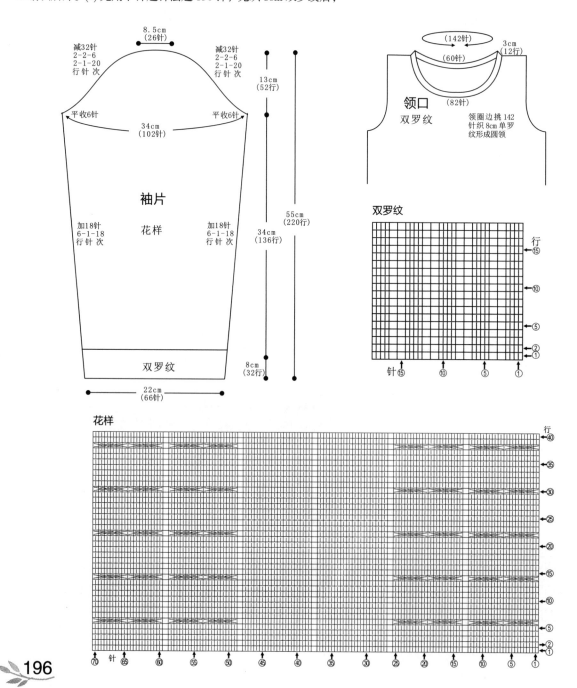

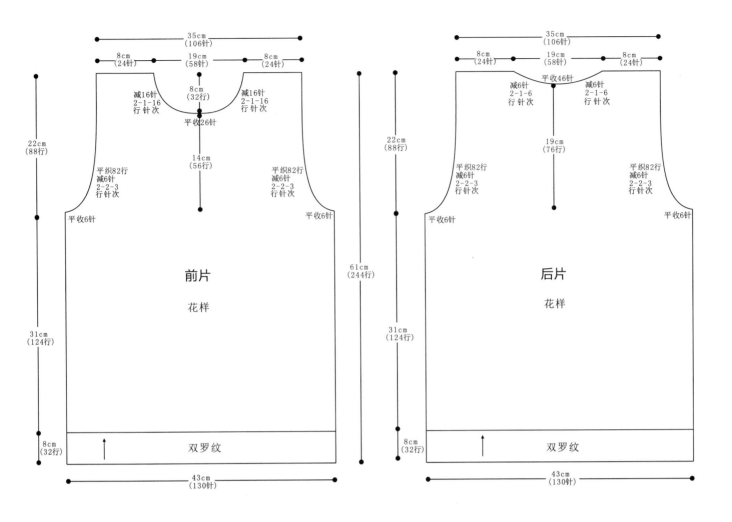

前片

花样

双罗纹

35cm
(106针)

8cm
(24针)

19cm
(58针)

8cm
(24针)

减16针
2-1-16
行针次

8cm
(32行)

减16针
2-1-16
行针次

平收26针

14cm
(56行)

22cm
(88行)

平织82行
减6针
2-2-3
行针次

平织82行
减6针
2-2-3
行针次

平收6针

平收6针

31cm
(124行)

8cm
(32行)

43cm
(130针)

61cm
(244行)

后片

花样

双罗纹

35cm
(106针)

8cm
(24针)

19cm
(58针)

8cm
(24针)

平收46针

减6针
2-1-6
行针次

减6针
2-1-6
行针次

19cm
(76行)

22cm
(88行)

平织82行
减6针
2-2-3
行针次

平织82行
减6针
2-2-3
行针次

平收6针

平收6针

31cm
(124行)

8cm
(32行)

43cm
(130针)

NO.74

【成品尺寸】衣长51cm 胸围74cm 袖长42cm

【工　　具】12号棒针 缝衣针

【材　　料】绿色羊毛绒线500g

【密　　度】10cm² : 30针×40行

【附　　件】纽扣3枚

【制作过程】

毛衣用棒针编织，由2片前片、1片后片、2片袖片组成，从下往上编织。

1.先编织前片。分右前片和左前片编织。右前片：(1) 先用下针起针法起56针，织花样B，门襟处留8针织花样C，侧缝不用加减针，织24cm后改织花样A，再织3cm至袖窿。(2) 袖窿以上的编织。袖窿平收4针后减针，方法是：每2行减1针减6次，共减6针，不加不减织80行至肩部。(3) 同时从袖窿算起至16cm时，门襟平收8针后，开始领窝减针，方法是：每2行减1针减14次，不加不减织至肩部余24针。(4) 相同的方法、相反的方向编织左前片。

2.编织后片。(1) 先用下针起针法起112针，织花样B，侧缝不用加减针，织至24cm时改织花样A，再织3cm至袖窿。(2) 袖窿以上的编织。袖窿两边平收4针后减针，方法与前片袖窿一样。(3) 同时从袖窿算起至21cm时，开后领窝，中间平收36针，然后两边减针，方法是：每2行减1针减4次，织至两边肩部余24针。

3.编织袖片。(1) 从袖口织起，用下针起针法起72针，先织12cm花样B后，改织全下针，袖下加针，方法是：每4行加1针加15次，编织17cm至袖窿。(2) 袖窿两边平收4针后，开始袖山减针，方法是：每2行减2针减6次，每2行减1针减20次，各减32针，编织完13cm后余30针，收针断线。同样方法编织另一片袖片。

4.缝合。将前片的侧缝与后片的侧缝对应缝合，前片肩部与后片肩部对应缝合，再将2片袖片的袖下缝合后，袖山边线与衣身的袖窿边对应缝合。

5.领子编织。领圈边挑102针，织6cm花样B，收针断线，形成翻领。

6.缝上纽扣。毛衣编织完成。

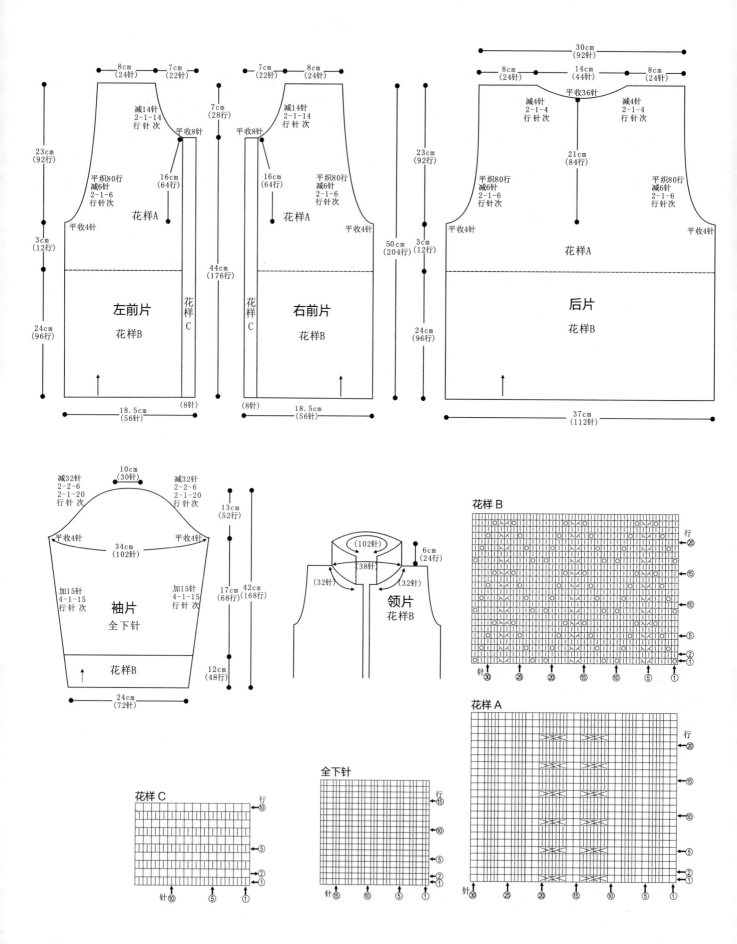

8cm
(24针)

7cm
(22针)

减14针
2-1-14
行针次

平收8针

7cm
(28行)

23cm
(92行)

平织80行
减6针
2-1-6
行针次

16cm
(64行)

平收4针

花样A

3cm
(12行)

左前片

花样B

花样
C

44cm
(176行)

24cm
(96行)

18.5cm
(56针)

(8针)

7cm
(22针)

8cm
(24针)

减14针
2-1-14
行针次

平收8针

花样
C

平织80行
减6针
2-1-6
行针次

16cm
(64行)

花样A

平收4针

右前片

花样B

(8针)

18.5cm
(56针)

50cm
(204行)

23cm
(92行)

3cm
(12行)

24cm
(96行)

30cm
(92针)

8cm
(24针)

14cm
(44针)

8cm
(24针)

减4针
2-1-4
行针次

平收36针

减4针
2-1-4
行针次

21cm
(84行)

平织80行
减6针
2-1-6
行针次

平织80行
减6针
2-1-6
行针次

平收4针

花样A

平收4针

后片

花样B

37cm
(112针)

减32针
2-2-6
2-1-20
行针次

10cm
(30针)

减32针
2-2-6
2-1-20
行针次

13cm
(52行)

平收4针

34cm
(102针)

平收4针

加15针
4-1-15
行针次

袖片

全下针

加15针
4-1-15
行针次

17cm
(68行)

42cm
(168行)

花样B

12cm
(48行)

24cm
(72针)

(102针)

(38针)

6cm
(24行)

(32针)

领片
花样B

(32针)

花样 B

行
⑳
⑮
⑩
⑤
②
①

针㉚ ㉕ ⑳ ⑮ ⑩ ⑤ ①

花样 A

行
⑳
⑮
⑩
⑤
②
①

针㉚ ㉕ ⑳ ⑮ ⑩ ⑤ ①

花样 C

行
⑩
⑤
②
①

针⑩ ⑤ ①

全下针

行
⑮
⑩
⑤
②
①

针⑮ ⑩ ⑤ ①

198

NO.75

【成品尺寸】衣长 57cm　胸围 70cm　袖长 53cm
【工　　具】12 号棒针　缝衣针
【材　　料】白色羊毛绒线 500g
【密　　度】10cm² ：30 针 ×40 行
【附　　件】纽扣 8 枚

【制作过程】

毛衣用棒针编织，由 2 片前片、1 片后片、2 袖片组成，从下往上编织。

1. 先编织前片。分右前片和左前片编织。右前片：(1) 用下针起针法起 52 针，先织 3cm 花样 B，门襟处留 8 针织花样 C，然后改织花样 A，侧缝不用加减针，织 31cm 至袖窿。(2) 袖窿以上的编织。袖窿平收 4 针后减针，方法是：每 2 行减 1 针后减 6 次，共减 6 针，不加不减织 80 行至肩部。(3) 同时从袖窿算起织至 15cm 时，门襟平收 8 针后，开始领窝减针，方法是：每 2 行减 1 针减 13 次，不加不减织至肩部余 21 针。(4) 相同的方法、相反的方向编织左前片。

2. 编织后片。(1) 先用下针起针法起 104 针，先织 3cm 花样 B，然后改织花样 A，侧缝不用加减针，织至 31cm 至袖窿。(2) 袖窿以上的编织。袖窿两边平收 4 针后减针，方法与前片袖窿一样。(3) 同时从袖窿算起织至 21cm 时，开后领窝，中间平收 34 针，然后两边减针，方法是：每 2 行减 1 针减 4 次，织至两边肩部余 21 针。

3. 编织袖片。(1) 从袖口织起，用下针起针法起 66 针，先织 3cm 花样 B 后，改织花样 A，袖下加针，方法是：每 8 行加 1 针加 18 次，编织 37cm 至袖窿。(2) 袖窿两边平收 4 针后，开始袖山减针，方法是：每 2 行减 2 针减 6 次，每 2 行减 1 针减 20 次，各减 32 针，编织完 13cm 后余 30 针，收针断线。同样方法编织另一片袖片。

4. 缝合。将前片的侧缝与后片的侧缝对应缝合，前片肩部与后片肩部对应缝合，再将 2 片袖片的袖下缝合后，袖山边线与衣身的袖窿边对应缝合。

5. 领子编织。领圈边挑 102 针，织 6cm 花样 C，收针断线，形成翻领。

6. 缝上纽扣。毛衣编织完成。

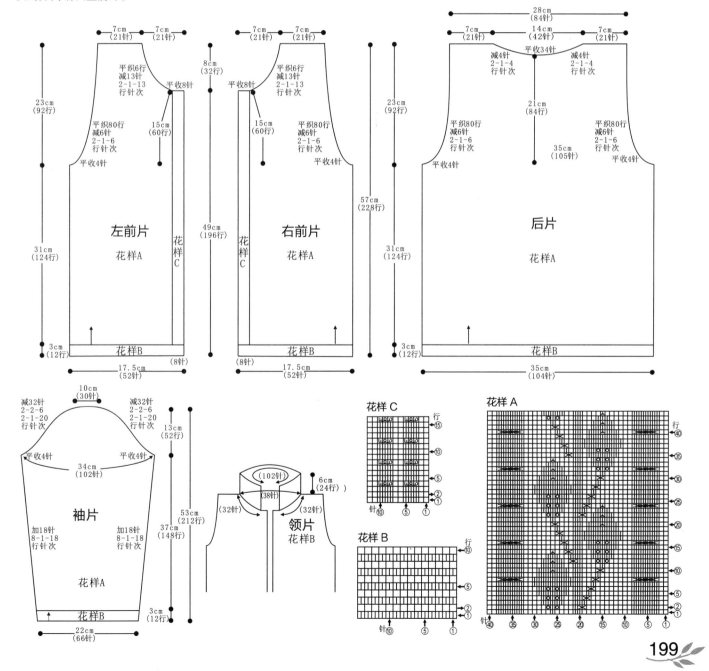

NO.76

【成品尺寸】 衣长 57cm　胸围 74cm　袖长 48cm
【工　具】 12 号棒针　缝衣针
【材　料】 暗红色羊毛绒线 500g
【密　度】 10cm² ：30 针 ×40 行
【附　件】 纽扣 3 枚

【制作过程】

毛衣用棒针编织，由 1 片前片、1 片后片、2 片袖片组成，从上往下编织。

1.先织领口环形片。从领口起织，用下针起针法起 144 针，片织花样 A，并按花样 A 加针，织 20 行加第 1 次针，每织 3 针加 1 针，共加 42 针。继续织 20 行加第 2 次针，每 3 针加 1 针，共加 54 针。继续织 20 行加第 3 次针，每 3 针加 1 针，共加 72 针。继续织 20 行加第 4 次针，每 4 针加 1 针，共加 72 针，织完 20cm 时，共加 240 针。织片的针数为 384 针，环形片完成。

2.开始分出 2 片前片、后片和 2 片袖片，并改织花样 B。(1) 前片：分左右两片编织，左片分出 52 针，并在袖窿各平加 4 针，共 56 针。继续编织花样 B，侧缝不用加减针，织至 34cm 时改织 3cm 花样 C，收针断线。同样方法分出右片，编织方法与左片一样。(2) 后片：分出 104 针，两边袖窿各加 4 针，共 112 针。继续编织花样 B，侧缝不用加减针，织至 34cm 时，改织 3cm 花样 C，收针断线。

3.袖片编织。左袖片分出 88 针，并在袖窿两边各平加 4 针，共 96 针。继续编织花样 B，袖下减针，方法是：每 6 行减 1 针减 15 次，织至 25cm 时，改织 3cm 花样 C，收针断线。同样方法编织右袖片。

4.缝合。将前片的侧缝和后片的侧缝缝合，将 2 片袖片的袖下分别缝合。

5.缝上纽扣。毛衣编织完成。

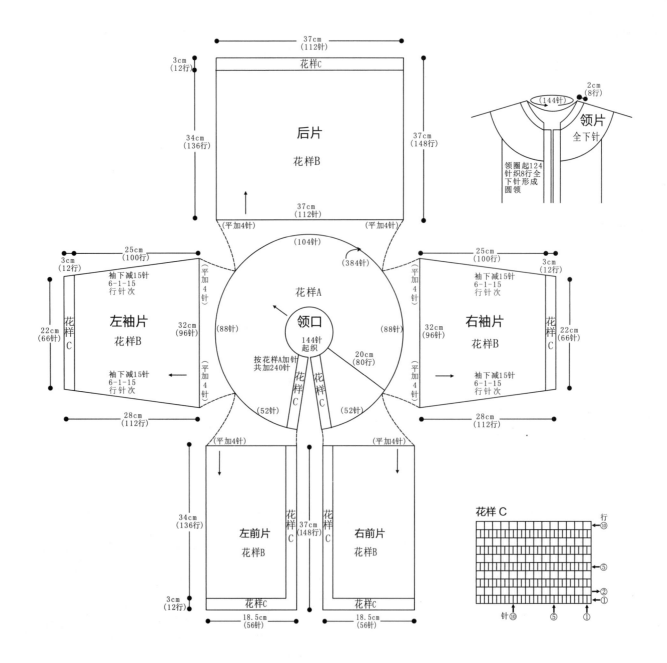

花样 A

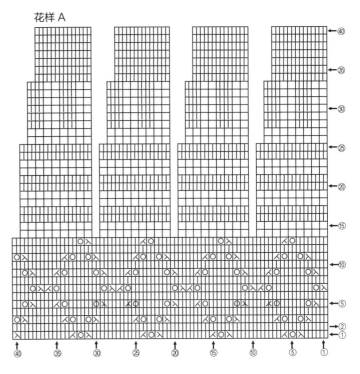

花样 B

NO.77

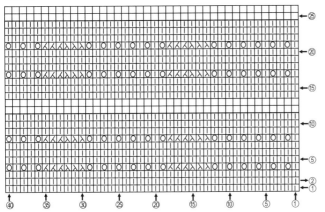

【成品尺寸】衣长 71cm 胸围 92cm 袖长 55cm
【工   具】10 号棒针 缝衣针
【材   料】墨绿色羊毛绒线 600g
【密   度】10cm² : 30 针 × 40 行
【附   件】纽扣 5 枚

【制作过程】

毛衣用棒针编织，由 2 片前片、1 片后片、2 片袖片组成，从下往上编织。

1. 先编织前片。分右前片和左前片编织。(1) 右前片：用下针起针法起 69 针，织 6cm 双罗纹后，改织花样，侧缝不用加减针，织至 13cm，在中间织 36 针双罗纹袋口，然后把袋口的 36 针平收掉，两边 16 针留着待用，内衣袋另起 36 针织 16cm，与刚才待用的两边 16 针合并，继续编织，织 42cm 至袖窿。(2) 袖窿以上的编织。右侧袖窿平收 6 针后减 9 针，方法是：每织 2 行减 1 针减 9 次，不加不减织 74 行至肩部。(3) 同时从袖窿算起织至 14cm 时，开始领窝减针，方法是：每 2 行减 2 针减 10 次，每 2 行减 1 针减 7 次，织 9cm 至肩部余 27 针。(4) 相同的方法、相反的方向编织左前片。

2. 编织后片。(1) 用下针起针法起 138 针，织 6cm 双罗纹后，改织全下针，侧缝不用加减针，织 42cm 至袖窿。(2) 袖窿以上的编织。袖窿开始减针，方法与前片袖窿一样。(3) 同时织至从袖窿算起 21cm 时，开后领窝，中间平收 46 针，两边各减 4 针，方法是：每 2 行减 1 针减 4 次，织至两边肩部余 27 针。

3. 编织袖片。从袖口织起，用下针起针法起 66 针，织 8cm 双罗纹后，改织全下针，袖下加 18 针，方法是：每 6 行加 1 针加 18 次，编织 34cm 至袖窿。袖窿平收 6 针后，开始袖山减针，方法是：两边分别每 2 行减 2 针减 6 次，每 2 行减 1 针减 20 次，编织完 13cm 后余 26 针，收针断线。同样方法编织另一片袖片。

4. 缝合。将前片的侧缝与后片的侧缝对应缝合，前后片的肩部对应缝合，再将 2 片袖片的袖山边线与衣身的袖窿边对应缝合。

5. 帽片编织。领圈边挑 150 针，织 33cm 全下针，两边平收 63 针，中间的 24 针继续编织 21cm，然后 A 与 B 缝合、C 与 D 缝合，形成帽子。

6. 门襟编织。两边门襟至帽檐挑 348 针，织 24 行双罗纹，右片均匀地开扣孔共 5 个。

7. 用缝衣针缝上纽扣，衣服完成。

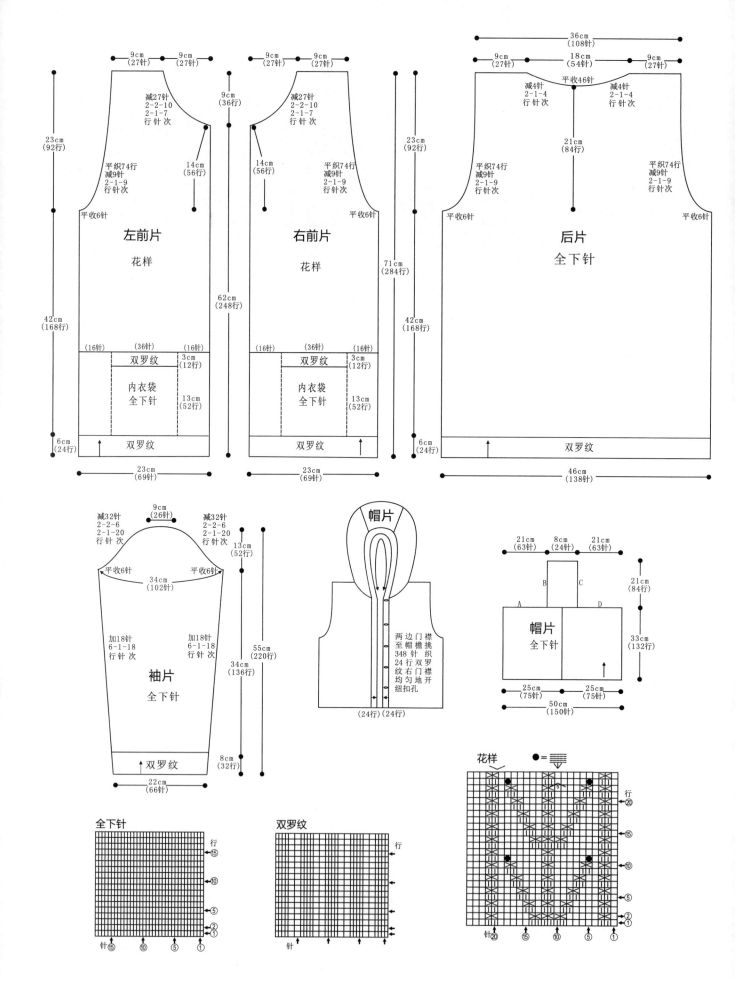

9cm
(27针)
9cm
(27针)
减27针
2-2-10
2-1-7
行针次
23cm
(92行)
9cm
(36行)
平织74行
减9针
2-1-9
行针次
14cm
(56行)
平收6针
左前片
花样
42cm
(168行)
62cm
(248行)
(16针)
(36针)
(16针)
双罗纹
3cm
(12行)
内衣袋
全下针
13cm
(52行)
6cm
(24行)
双罗纹
23cm
(69针)

9cm
(27针)
9cm
(27针)
减27针
2-2-10
2-1-7
行针次
14cm
(56行)
平织74行
减9针
2-1-9
行针次
平收6针
右前片
花样
71cm
(284行)
(16针)
(36针)
(16针)
双罗纹
3cm
(12行)
内衣袋
全下针
13cm
(52行)
23cm
(92行)
42cm
(168行)
6cm
(24行)
双罗纹
23cm
(69针)

36cm
(108针)
9cm
(27针)
18cm
(54针)
9cm
(27针)
减4针
2-1-4
行针次
平收46针
减4针
2-1-4
行针次
21cm
(84行)
平织74行
减9针
2-1-9
行针次
平织74行
减9针
2-1-9
行针次
平收6针
后片
全下针
平收6针
双罗纹
46cm
(138针)

减32针
2-2-6
2-1-20
行针次
9cm
(26针)
减32针
2-2-6
2-1-20
行针次
13cm
(52行)
平收6针
34cm
(102针)
平收6针
加18针
6-1-18
行针次
加18针
6-1-18
行针次
袖片
全下针
55cm
(220行)
34cm
(136行)
双罗纹
8cm
(32行)
22cm
(66针)

帽片
两边门襟
至帽檐挑
348针织
24行双罗
纹右门襟
均匀地开
纽扣孔
(24行)(24行)

21cm
(63针)
8cm
(24针)
21cm
(63针)
B   C
A   D
帽片
全下针
21cm
(84行)
33cm
(132行)
25cm
(75针)
25cm
(75针)
50cm
(150针)

全下针
行
⑮
⑩
⑤
②
①
针 ⑮   ⑩   ⑤   ①

双罗纹
行
针

花样   ●=
行
⑳
⑮
⑩
⑤
①
针⑳   ⑮   ⑩   ⑤   ①

NO.78

【成品尺寸】衣长72cm　胸围86cm　肩宽33cm　袖长49cm
【工　　具】12号棒针
【材　　料】灰色棉线650g
【密　　度】$10cm^2$：26针×35行
【附　　件】纽扣10枚

【制作过程】

1. 衣摆片：起234针，织花样A，织至5.5cm，两侧各织12针花样A作为衣襟，中间改织花样B，如结构图所示，织至31cm的高度，暂停不织，将织片第24针至第51针，第184针至第211针用棒针挑出，单独编织12行作为口袋盖，完成后收针。另起两片28针的织片，织花样A，织10cm的长度，拼放到口袋的位置，与衣身织片连起来编织，织至50cm的高度，将织片分成左、右、前片和后片分别编织。

2. 后片：分配织片中间110针到棒针上，织花样B，起织时两侧各平收4针，然后按每2行减1针减9次的方法减针织成袖窿，织至70cm，中间平收50针，两侧按每2行减1针减3次的方法后领减针，最后两肩部各余下14针，后片共织72cm长。

3. 左前片：左前片取62针，继续花样B编织，起织时右侧平收4针，然后按每2行减1针减9次的方法减针织成袖窿，织至63.5cm，左侧平收16针后，按每2行减2针减7次、每2行减1针减5次的方法减针织成前领，最后肩部余下14针，左前片共织72cm长。同样的方法、相反方向编织右前片。

4. 袖片：起44针，织花样A，织5.5cm，改织花样B，如结构图所示，一边织一边按每8行加1针加13次的方法两侧加针，织至36cm的高度，两侧各平收4针，然后按每2行减1针减23次的方法袖山减针，袖片共织49cm长，最后余下16针。袖底缝合。

5. 领子：沿领圈挑起126针，织花样A，织4cm的长度。

6. 袋底及两侧与左、右前片对应缝合。缝上纽扣。

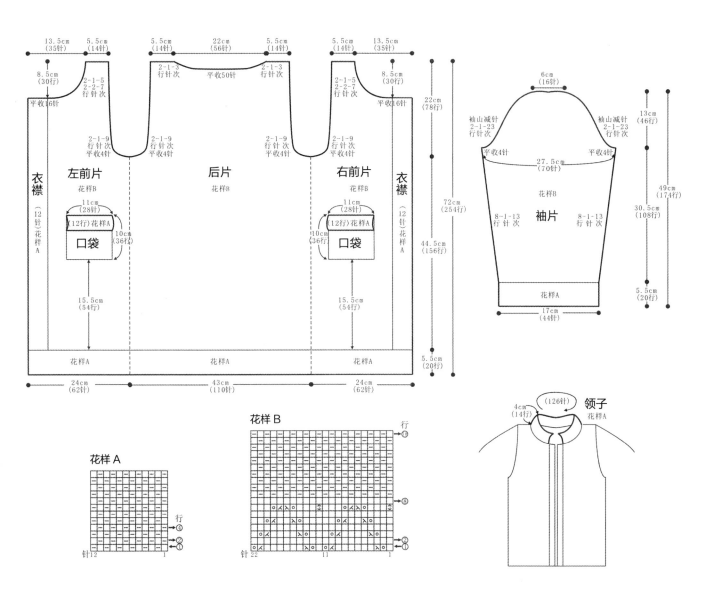

NO.79

【成品尺寸】衣长 72cm　胸围 84cm　肩宽 38cm　袖长 53cm
【工　　具】6号棒针
【材　　料】深蓝色棉线 1200g
【密　　度】10cm² ：15针×20行
【附　　件】纽扣 5 枚　暗扣 2 枚

【制作过程】

1. 后片：(1) 起 68 针，花样 A 编织 24 行后下针编织 24 行。(2) 花样 B 编织，同时两侧减针，织 40 行，往上两侧逐渐加针，织 20 行。(3) 开袖窿：两侧各减 4 针，织 32 行。(4) 开后领：中心留 22 针，分两片编织，织 4 行后收针。

2. 前片（2 片）：以左前片为例，一侧 6 针均为下针，(1) 下针起针法起 42 针，花样 A 编织 24 行后下针编织 24 行。(2) 花样 B 编织，同时两侧减针，织 40 行，往上两侧逐渐加针，织 20 行。(3) 开袖窿：两侧各减 4 针，织 20 行。(4) 开前领：按减 16 针编织，织 16 行后收针。如图开扣眼。对称织出右前片。

3. 袖片（2 片）：起 30 针如图示编织，逐渐加针织至 82 行后两侧各留 3 针，往上逐渐减针，织 24 行后收针。相同方法织另一片袖片。

4. 缝合：将前片后肩部、腋下缝合、袖片缝合，并与身片相缝合。

5. 挑领：如图前、后片各挑 18 针、28 针、18 针，单罗纹编织 24 行后收针。

6. 收尾：在右门襟对应右门襟处缝上纽扣，并在合适位置缝上 2 枚暗扣。

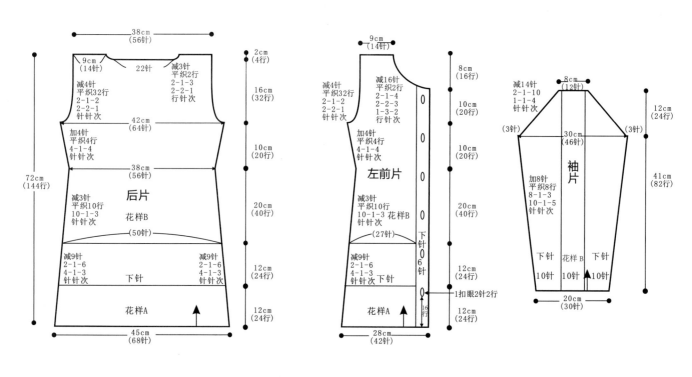

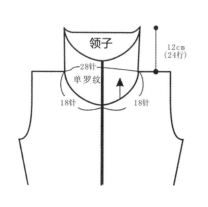

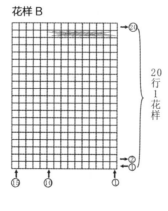

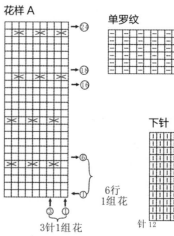

NO.80

【成品尺寸】衣长 52cm　胸围 104cm　袖长 52cm

【工　　具】12号棒针　缝衣针

【材　　料】浅灰色羊毛绒线 500g　白色、深灰色线少许

【密　　度】10cm² : 30针×40行

【附　　件】纽扣2枚

【制作过程】

毛衣用棒针编织，由1片前片、1片后片、2片袖片组成，从下往上编织。

1. 先编织前片。(1) 先用下针起针法起 156 针，先织 8cm 双罗纹，并配色，然后改织全下针，侧缝不用加减针，织 22cm 至袖窿。(2) 袖窿以上的编织。袖窿平收6针后减针，方法是：每2行减2针减6次，共减12针，不加不减织76行至肩部。(3) 同时从袖窿算起织至14cm时，中间平收28针后，分两片编织，织至40cm时，开始两边领窝减针，方法是：每2行减2针减8次，不加不减织至肩部余30针。

2. 编织后片。(1) 先用下针起针法起 156 针，先织 8cm 双罗纹，并配色，然后改织全下针，侧缝不用加减针，织 22cm 至袖窿。(2) 袖窿以上的编织。袖窿两边平收6针后减针，方法与前片袖窿一样。(3) 同时从袖窿算起织至19cm时，开后领窝，中间平收48针，然后两边减针，方法是：每2行减1针减6次，织至两边肩部余30针。

3. 编织袖片。(1) 从袖口织起，用下针起针法起66针，先织 8cm 双罗纹，并配色，然后改织全下针，袖下加针，方法是：每6行加1针加18次，编织31cm至袖窿。(2) 袖窿两边平收6针后，开始袖山减针，方法是：每2行减2针减6次，每2行减1针减20次，各减32针，编织完13cm后余26针，收针断线。同样方法编织另一片袖片。

4. 缝合。将前片的侧缝与后片的侧缝对应缝合，前片肩部与后片肩部对应缝合，再将2片袖片的袖下缝合后，袖山边线与衣身的袖窿边对应缝合。

5. 袖片衬边另织，起144针，织 4cm 双罗纹，收针断线，缝合于两边袖片相应的位置。

6. 领子编织。领圈边挑152针，织48行双罗纹，并配色，收针断线。

7. 两边门襟分别对称挑48针，织12行双罗纹，并配色，收针断线，门襟底边缝合，形成立领。

8. 缝上纽扣。毛衣编织完成。

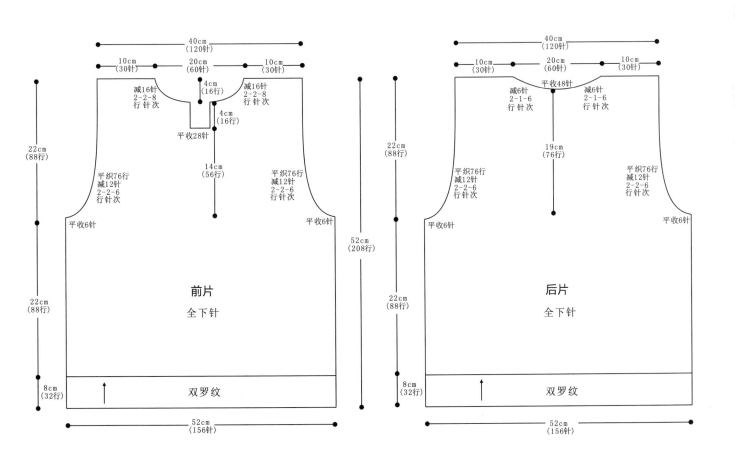

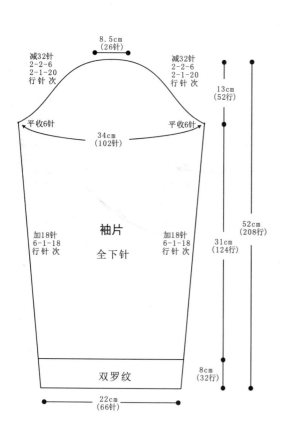

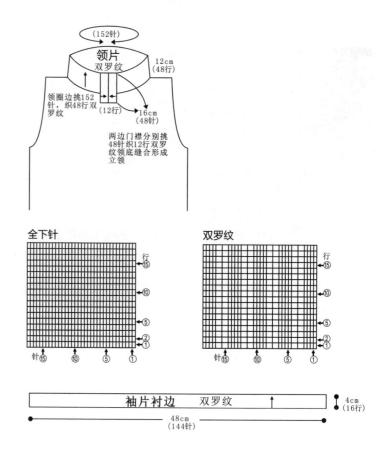

减32针
2-2-6
2-1-20
行针次

8.5cm
(26针)

减32针
2-2-6
2-1-20
行针次

平收6针

34cm
(102针)

平收6针

13cm
(52行)

袖片
全下针

加18针
6-1-18
行针次

加18针
6-1-18
行针次

52cm
(208行)

31cm
(124行)

双罗纹

8cm
(32行)

22cm
(66针)

(152针)

领片
双罗纹

12cm
(48行)

领圈边挑152针，织48行双罗纹

(12行)

16cm
(48针)

两边门襟分别挑48针织12行双罗纹领底缝合形成立领

全下针

双罗纹

行

行

针

针

袖片衬边　双罗纹

48cm
(144针)

4cm
(16行)

NO.81

【成品尺寸】衣长 53cm　胸围 104cm　袖长 53cm
【工　　具】12 号棒针　缝衣针　钩针
【材　　料】玫红色羊毛绒线 500g　灰色线 200g
【密　　度】10cm² : 30 针 ×40 行
【附　　件】领片的纽扣 3 枚

【制作过程】

毛衣用棒针编织，由 1 片前片、1 片后片、2 片袖片组成，从下往上编织。

1. 先编织前片。(1) 先用下针起针法起 156 针，先织 8cm 双罗纹后，改织花样，并配色，侧缝不用加减针，织 25cm 至袖窿。(2) 袖窿以上的编织。袖窿平收 6 针后减针，方法是：每 2 行减 2 针减 4 次，每 2 行减 1 针减 1 次，共减 9 针，不加不减织 70 行至肩部。(3) 同时从袖窿算起至 12cm 时，中间平收 34 针后，开始两边领窝减针，方法是：每 2 行减 1 针减 16 次，不加不减织至肩部余 30 针。

2. 编织后片。(1) 先用下针起针法起 156 针，先织 8cm 双罗纹后，改织花样，并配色，侧缝不用加减针，织 25cm 至袖窿。(2) 袖窿以上的编织。袖窿两边平收 6 针后减针，方法与前片袖窿一样。 (3) 同时从袖窿算起织至 17cm 时，开后领窝，中间平收 54 针，然后两边减针，方法是：每 2 行减 1 针减 6 次，织至两边

肩部余 30 针。

3. 编织袖片。(1) 从袖口织起，用下针起针法起 66 针，先织 8cm 双罗纹后，改织花样，并配色，袖下加针，方法是：每 6 行加 1 针加 18 次，编织 32cm 至袖窿。(2) 袖窿两边平收 6 针后，开始袖山减针，方法是：每 2 行减 2 针减 6 次，每 2 行减 1 针减 20 次，各减 32 针，编织完 13cm 后余 26 针，收针断线。同样方法编织另一片袖片。

4. 缝合。将前片的侧缝与后片的侧缝对应缝合，前片肩部与后片肩部对应缝合，再将 2 片袖片的袖下缝合后，袖山边线与衣身的袖窿边对应缝合。

5. 领子编织。领圈边挑 142 针，往返织 16cm 双罗纹，形成侧翻领，并在侧边挑 60 针，织 12 行双罗纹，形成侧翻领。

6. 用钩针钩织装饰花朵，缝上领片的纽扣。毛衣编织完成。

206

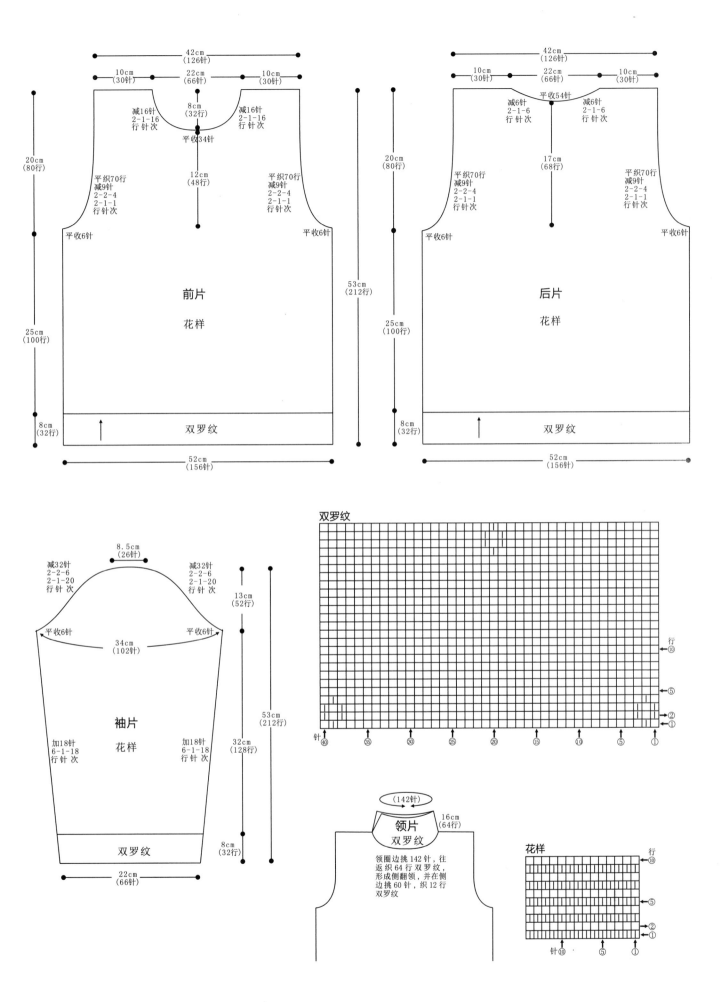

42cm
(126针)

10cm
(30针)
22cm
(66针)
10cm
(30针)

减16针
2-1-16
行针次
8cm
(32行)
减16针
2-1-16
行针次

平收34针

20cm
(80行)

平织70行
减9针
2-2-4
2-1-1
行针次
平织70行
减9针
2-2-4
2-1-1
行针次

平收6针
平收6针

前片
花样

12cm
(48行)

53cm
(212行)

25cm
(100行)

8cm
(32行)
双罗纹

52cm
(156针)

42cm
(126针)

10cm
(30针)
22cm
(66针)
10cm
(30针)

平收54针
减6针
2-1-6
行针次
减6针
2-1-6
行针次

20cm
(80行)

平织70行
减9针
2-2-4
2-1-1
行针次
平织70行
减9针
2-2-4
2-1-1
行针次

17cm
(68行)

平收6针
平收6针

后片
花样

25cm
(100行)

8cm
(32行)
双罗纹

52cm
(156针)

8.5cm
(26针)

减32针
2-2-6
2-1-20
行针次
减32针
2-2-6
2-1-20
行针次

平收6针
平收6针
34cm
(102针)

13cm
(52行)

袖片
花样

加18针
6-1-18
行针次
加18针
6-1-18
行针次

53cm
(212行)

32cm
(128行)

双罗纹

8cm
(32行)

22cm
(66针)

双罗纹

行
⑩
⑤
②
①
针 ㊵ ㉟ ㉚ ㉕ ⑳ ⑮ ⑩ ⑤ ①

(142针)

领片
双罗纹

16cm
(64行)

领圈边挑142针,往
返织64行双罗纹,
形成侧翻领,并在侧
边挑60针,织12行
双罗纹

花样

行
⑩
⑤
②
①
针⑩ ⑤ ①

NO.82

【成品尺寸】衣长 76cm　胸围 84cm　袖长 59cm
【工　　具】10 号棒针
【材　　料】蓝色时装线 750g
【密　　度】10cm²：15 针 ×20 行

【制作过程】

1.后片：起 64 针，单罗纹织 3cm，改下针编织，同时减针，织 27cm 后加针织 27cm，开袖窿，按图示减针，织 19cm 后收针。

2.前片：右前片：起 34 针，单罗纹织 3cm，改下针编织，同时减针，织 27cm 后加针织 27cm，开袖窿织 10cm 后开领口，减针方法见图，织 9cm 后收针，用相同方法织出另一片前片。

3.袖片：起 36 针，单罗纹织 3cm，改下针编织，同时加针，织 43cm 后减针，减针方法见图，织 13cm 后收针，用相同方法织出另一片袖片。

4.将 2 片前片与后片缝合，2 片袖片袖下缝合，袖片与身片缝合。

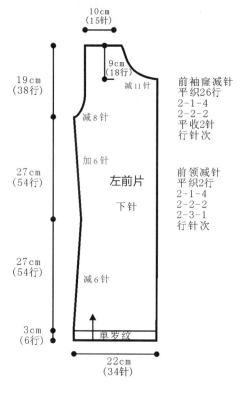

10cm
(15针)

9cm
(18行)
减11针

19cm
(38行)

减8针

前袖窿减针
平织26行
2-1-4
2-2-2
平收2针
行针次

加6针

27cm
(54行)

左前片
下针

前领减针
平织2行
2-1-4
2-2-2
2-3-1
行针次

27cm
(54行)

减6针

3cm
(6行)

单罗纹

22cm
(34针)

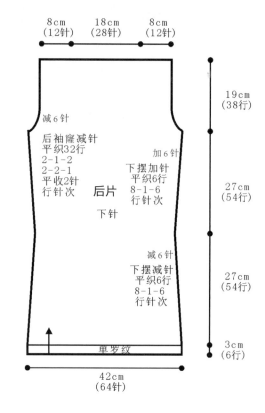

8cm (12针)　18cm (28针)　8cm (12针)

减6针

后袖窿减针
平织32行
2-1-2
2-2-1
平收2针
行针次

后片
下针

加6针

下摆加针
平织6行
8-1-6
行针次

19cm
(38行)

27cm
(54行)

减6针

下摆减针
平织6行
8-1-6
行针次

27cm
(54行)

3cm
(6行)

单罗纹

42cm
(64针)

3cm
(6行)

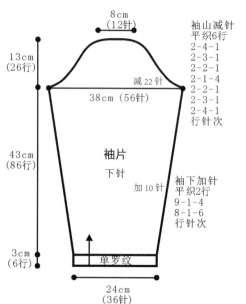

8cm
(12针)

袖山减针
平织6行
2-4-1
2-3-1
2-2-1
2-1-4
2-2-1
2-3-1
2-4-1
行针次

减22针

38cm (56针)

13cm
(26行)

43cm
(86行)

袖片
下针

加10针　袖下加针
平织2行
9-1-4
8-1-6
行针次

3cm
(6行)

单罗纹

24cm
(36针)

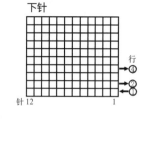

下针

行
④
②
①

针12　　　1

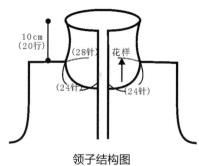

10cm
(20行)

(28针)
花样

(24针)　　(24针)

领子结构图

单罗纹

4

6　　4　　2　1

花样

4

2

6　　4　　2　1

NO.83

【成品尺寸】衣长 72cm　胸围 104cm　袖长 58cm
【工　　具】9 号棒针　10 号棒针
【材　　料】白色毛线 700g
【密　　度】10cm² ： 25 针 × 35 行
【制作过程】

1. 前片：用 10 号棒针起 180 针织双罗纹 10cm 后，换 9 号棒针往上织 10 针花样，170 针下针，织到 34cm 处，按图解收袖窿。
2. 后片：用 9 号棒针起 130 针，织 10 针花样，120 针下针，按图解放出左袖窿，继续织 40cm 后收出右袖窿。
3. 袖片：用 10 号棒针起 50 针，织双罗纹，按图解编织。
4. 用 10 号棒针按图解织领子，然后将前后片、袖片、领子缝合。

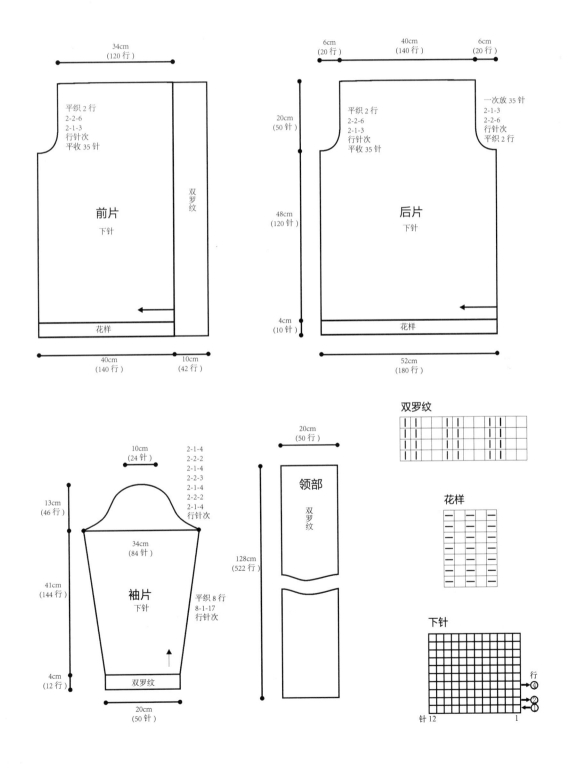

NO.84

【成品尺寸】衣长60cm　胸围88cm　肩宽26cm　袖长53cm
【工　　具】10号棒针
【材　　料】灰白色羊毛线600g
【密　　度】10cm² ：22针×32行
【附　　件】纽扣5枚

【制作过程】

毛衣为从下往上编织开衫。

1.前片：分左、右2片编织。左前片：起48针，织20行双罗纹，改织花样A，其中门襟10针织花样C，侧缝不用加减针，织至20行时，在距离侧缝14针处，分2片编织开口袋，织16行再合并编织，内袋另织，起30针织70行全下针，与前片缝合，织至116行时，开始进行袖窿减针，方法是：按每2行减4针减1次，每2行减2针减2次减针。同时在距离袖窿16行处，留8针待用，然后进行领窝减针，方法是：按每2行减3针减2次，每2行减2针减3次，每2行减1针减4次减针，织42行至肩余14针。同样方法织右前片。注意左前片均匀开纽扣孔。

2.后片：起96针，织20行双罗纹后，改织花样B，侧缝不用加减针，织至116行时，开始进行袖窿减针，减针方法与前片袖窿一样，同时在距离袖窿52行处进行领窝减针，中间平收26针后，两边减针，方法是：按每2行减2针减3次减针，织至两边肩部余14针。

3.袖片（2片）：起56针，织26行双罗纹后，改织花样A，袖下按图示加针，方法是：每14行加1针加7次，织至108行时，两边各平收4针后，进行袖山减针，方法是：按每2行减4针减1次，每2行减3针减2次，每2行减2针减7次减针，至顶余14针。同样方法织另一袖。

4.将前后片的肩部、侧缝、袖片全部对应缝合。

5.领圈边挑110针（包括两边门襟留待用的10针），织58行花样B，帽边A与B缝合，形成帽子。

6.袋口挑26针，织6行单罗纹，收针。缝上纽扣，编织完成。

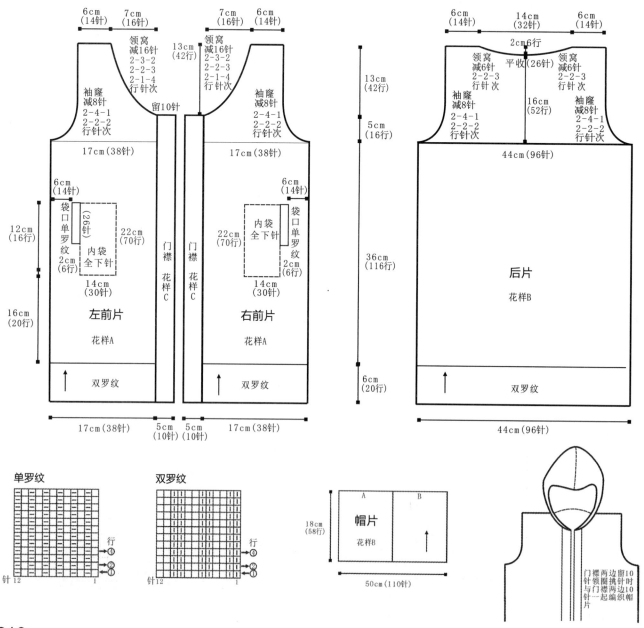

帽子结构图

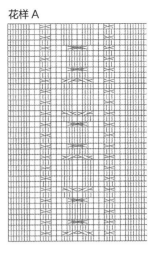

花样A

袖山
减24针
2-4-1
2-3-2
2-2-7
行针次

6cm
(14针)

袖山
减24针
2-4-1
2-3-2
2-2-7
行针次

11cm
(34行)

平收4针　平收4针
32cm(70针)

花样C

花样B

袖片

34cm
(108行)

袖下
加7针
14-1-7
行针次

袖下
加7针
14-1-7
行针次

花样A

双罗纹

8cm
(26行)

25cm(56针)

NO.85

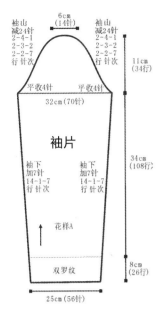

【成品尺寸】衣长53cm　胸围100cm　袖长49cm
【工　　具】12号棒针　缝衣针
【材　　料】红色羊毛绒线500g　灰色线少许
【密　　度】10cm² : 30针 ×40行

【制作过程】

毛衣用棒针编织，由2片前片、1片后片、2片袖片组成，从下往上编织。

1. 先编织前片。分右前片和左前片编织。右前片：(1)先用下针起针法起75针，先织4cm花样，并配色，然后改织全下针，侧缝不用加减针，织26cm至袖窿。(2)袖窿以上的编织。袖窿平收6针后减针，方法是：每2行减1针减9次，共减9针，不加不减织74行至肩部。(3)同时从袖窿算起织至15cm时，开始领窝减针，方法是：每2行减2针减15次，不加不减至肩部余30针。(4)相同的方法、相反的方向编织左前片。

2. 编织后片。(1)先用下针起针法起150针，先织4cm花样，并配色，

然后改织全下针，侧缝不用加减针，织至26cm至袖窿。(2)袖窿以上的编织。袖窿两边平收6针后减针，方法与前片袖窿一样。(3)同时从袖窿算起织至20cm时，开后领窝，中间平收48针，然后两边减针，方法是：每2行减1针减6次，织至两边肩部余30针。

3. 编织袖片。(1)从袖口织起，用下针起针法起66针，先织4cm花样，并配色，然后改织全下针，袖下加针，方法是：每6行加1针加18次，编织32cm至袖窿。(2)袖窿两边平收6针后，开始袖山减针，方法是：每2行减2针减6次，每2行减1针减20次，共减32针。编织完13cm后余26针，收针断线。同样方法编织另一片袖片。

4. 缝合。将前片的侧缝与后片的侧缝对应缝合，前片肩部与后片肩部对应缝合，再将2片袖片的袖下缝合后，袖山边线与衣身的袖窿边对应缝合。

5. 门襟编织。两边门襟分别挑138针，织4cm花样A，并配色。

6. 领子编织。领圈边挑124针，织12cm花样A，并配色，收针断线，形成翻领。毛衣编织完成。

减32针
2-2-6
2-1-20
行针次

8.5cm
(26针)

减32针
2-2-6
2-1-20
行针次

13cm
(52行)

(124针)

12cm
(48行)

(52针)

(36针)　(36针)

平收6针　平收6针

34cm
(102针)

49cm
(196行)

领片
花样A

加18针
6-1-18
行针次

加18针
6-1-18
行针次

两边门襟分别挑
138针织4cm花
样A并配色

袖片
全下针

32cm
(128行)

全下针

花样

花样A

4cm
(16行)

22cm
(66针)

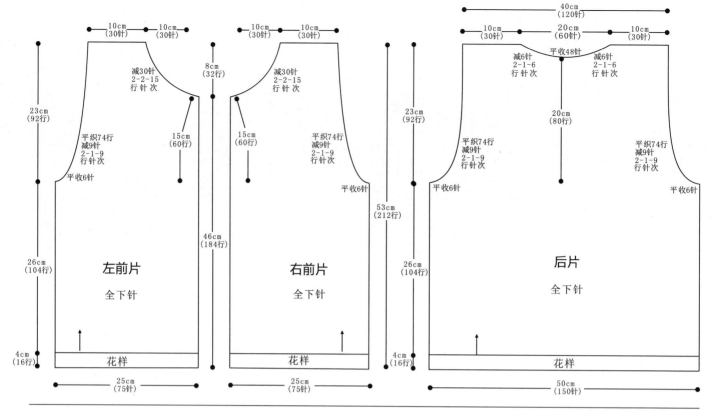

左前片
全下针
花样

右前片
全下针
花样

后片
全下针
花样

（左前片标注）
10cm（30针）　10cm（30针）
23cm（92行）
减30针 2-2-15 行针次
平织74行 减9针 2-1-9 行针次
平收6针
8cm（32行）
15cm（60行）
46cm（184行）
26cm（104行）
4cm（16行）
25cm（75针）

（右前片标注）
10cm（30针）　10cm（30针）
减30针 2-2-15 行针次
15cm（60行）
平织74行 减9针 2-1-9 行针次
平收6针
53cm（212行）
25cm（75针）

（后片标注）
40cm（120针）
10cm（30针）　20cm（60针）　10cm（30针）
减6针 2-1-6 行针次　平收48针　减6针 2-1-6 行针次
23cm（92行）
20cm（80行）
平织74行 减9针 2-1-9 行针次
平收6针
平收6针
平织74行 减9针 2-1-9 行针次
26cm（104行）
4cm（16行）
50cm（150针）

NO.86

【成品尺寸】衣长 65cm　胸围 108cm　肩宽 34cm　袖长 53cm
【工　　具】10号棒针
【材　　料】灰色段染羊毛线 600g　白色羊毛线 300g
【密　　度】10cm²：22 针 ×32 行
【制作过程】

毛衣为从下往上编织开衫。

1.前片：分左、右两片编织。左前片：起70针，织26行双罗纹后，改织全下针，侧缝减18针，方法是：按每4行减1针减4次减针，同时在74行处，中间平收36针，内袋另织好，起36针，织38行全下针，与原织片合并，继续编织，织至28行时加针，方法是：按每6行加1针加4次加针，形成收腰的形状。再织48行时，两边平收6针后，开始进行袖窿减针，方法是：按每2行减3针减1次，每2行减2针减6次，每2行减1针减1次减针。同时在距离袖窿16行处，平收8针后进行领窝减针，方法是：按每2行减3针减2次，每2行减2针减3次。同样方法织右前片。

2.后片：起140针，织26行双罗纹后，改织全下针，侧缝与前片一样加减针，形成收腰的形状，再织48行时，两边平收6针，开始进行袖窿减针，减针方法与前片袖窿一样，同时在距离袖窿52行处进行领窝减针，中间平收34针后，两边减针，方法是：按每2行减2针减3次减针，织至两边肩部余18针。

3.袖片（2片）：起56针，织26行双罗纹后，改织全下针，袖下按图示加针，方法是：按每14行加1针加7次加针，织至108行时，两边各平收4针后，进行袖山减针，方法是：按每2行减4针减1次，每2行减3针减2次，每2行减2针减7次减针，至顶部余14针。同样方法织另一袖。

4.将前后片的肩部、侧缝、袖片全部对应缝合。两个内袋分别与左、右前片缝合，袋口挑36针，织6行双罗纹。

5.领圈边挑96针，织58行全下针，帽边缝合，形成帽子。

6.门襟至帽檐挑366针，织20行双罗纹。编织完成。

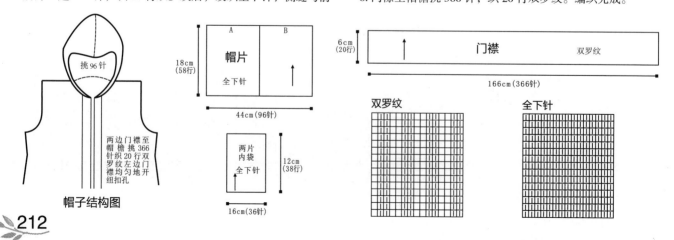

挑96针
两边门襟至帽檐挑366针织20行双罗纹左边门襟均匀地开组扣孔
帽子结构图

帽片
全下针
A　B
18cm（58行）
44cm（96针）

两片内袋
全下针
16cm（36针）
12cm（38行）

6cm（20行）
门襟　双罗纹
166cm（366针）

双罗纹　　全下针

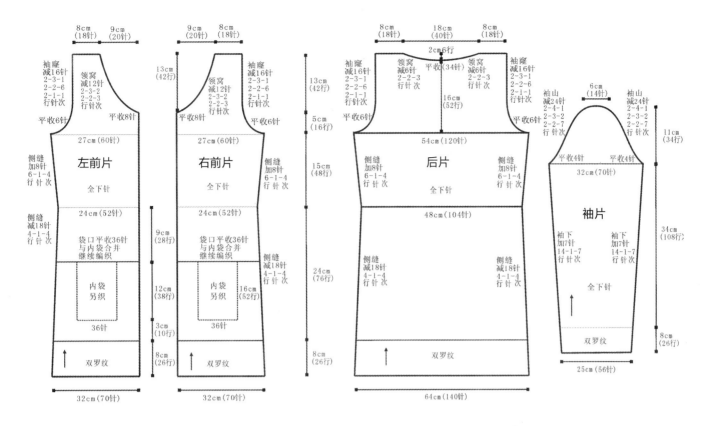

左前片　全下针　27cm（60针）　24cm（52针）　袋口平收36针与内袋合并继续编织　内袋另织　36针　双罗纹　32cm（70针）

8cm（18针）　9cm（20针）

袖窿减16针 2-3-1 2-2-6 2-1-1 行针次　领窝减12针 2-3-2 2-2-3 行针次　平收6针　平收8针

侧缝加18针 6-1-4 行针次　侧缝减18针 4-1-4 行针次

右前片　全下针　27cm（60针）　24cm（52针）　袋口平收36针与内袋合并继续编织　内袋另织　36针　双罗纹　32cm（70针）

9cm（20针）　8cm（18针）

13cm（42行）　领窝减12针 2-3-2 2-2-3 行针次　袖窿减16针 2-3-1 2-2-6 2-1-1 行针次　平收8针　平收6针

侧缝加18针 6-1-4 行针次　侧缝减18针 4-1-4 行针次

9cm（28行）　12cm（38行）　3cm（10行）　8cm（26行）　16cm（52行）

13cm（42行）　5cm（16行）　15cm（48行）　24cm（76行）　8cm（26行）

8cm（18针）　18cm（40针）　8cm（18针）　2cm6行　领窝（34针）

后片　全下针　54cm（120针）　48cm（104针）　双罗纹　64cm（140针）

袖窿减16针 2-3-1 2-2-6 2-1-1 行针次　领窝减6针 2-2-3 行针次　袖窿减16针 2-3-1 2-2-6 2-1-1 行针次

平收6针　16cm（52行）　平收6针

侧缝加18针 6-1-4 行针次　侧缝减18针 4-1-4 行针次

6cm（14针）　袖山减24针 2-4-1 2-3-2 2-2-7 行针次　11cm（34行）

平收4针　平收4针　32cm（70针）

袖片　袖下加7针 14-1-7 行针次　袖下加7针 14-1-7 行针次　全下针　双罗纹　34cm（108行）　8cm（26行）　25cm（56针）

NO.87

【成品尺寸】衣长 47cm　衣宽 100cm
【工　　具】10 号棒针　绣花针
【材　　料】灰色段染纯羊毛线 800g
【密　　度】10cm^2：22 针 ×32 行
【附　　件】纽扣 6 枚

【制作过程】

1. 前片：按图起 202 针，织花样 A，中间留 14 针织单罗纹，织至 20cm 时分左、右两片编织，左前片继续编织至 14cm 时，开始开领窝，门襟不用收针，织至完成，右前片在中间单罗纹处挑 14 针，继续编织至 14cm 时，开始开领窝，门襟不用收针，织至完成。

2. 后片：按图起 242 针，织 47cm 花样 A，并按图开领窝。

3. 将前片、后片的肩位缝合，袖口至侧缝挑 206 针，织 6cm 花样 A。

4. 领圈挑 96 针，与门襟连起来织 10cm 花样 C，形成翻领，衣袋另织花样 B，与左、右前片缝合。

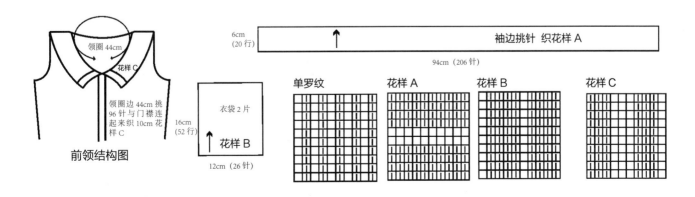

前领结构图　领圈 44cm　花样 C　领圈边 44cm 挑 96 针与门襟连起来织 10cm 花样 C

6cm（20行）　袖边挑针 织花样 A　94cm（206 针）

16cm（52行）　衣袋 2 片　花样 B　12cm（26 针）

单罗纹　花样 A　花样 B　花样 C

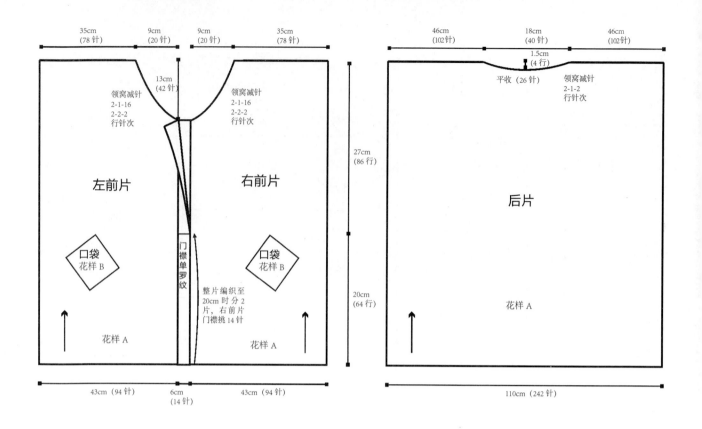

NO.88

【成品尺寸】衣长 51cm　胸围 88cm　袖长 74cm

【工　　具】12 号棒针　缝衣针

【材　　料】红色羊毛绒线 500g

【密　　度】10cm² : 30 针 × 40 行

【附　　件】纽扣 7 枚

【制作过程】

毛衣用棒针编织，由 2 片前片、1 片后片、2 片袖片组成，从下往上编织。

1. 先编织前片。分右前片和左前片编织。右前片：(1) 先用下针起针法起 66 针，先织 4cm 单罗纹后，改织花样，门襟处留 12 针继续织单罗纹，侧缝不用加减针，织 24cm 至袖窿。(2) 袖窿以上的编织。袖窿平收 6 针后减针，方法是：每 2 行减 1 针减 6 次，共减 6 针，不加不减织 80 行至肩部。(3) 同时从袖窿算起织至 15cm 时，门襟平收 12 针后，开始领窝减针，方法是：每 2 行减 2 针减 15 次，不加不减织至肩部余 12 针。(4) 相同的方法、相反的方向编织左前片。

2. 编织后片。(1) 先用下针起针法起 132 针，先织 4cm 单罗纹后，改织双罗纹，侧缝不用加减针，织至 24cm 至袖窿。(2) 袖窿以上的编织。袖窿两边平收 6 针后减针，方法与前片袖窿一样。(3) 同时从袖窿算起织至 19cm 时，开后领窝，中间平收 68 针，然

后两边减针，方法是：每 2 行减 1 针减 8 次，织至两边肩部余 12 针。

3. 编织袖片。(1) 从袖口织起，用下针起针法起 66 针，织双罗纹，袖下加针，方法是：每 6 行加 1 针加 18 次，编织 61cm 至袖窿。(2) 袖窿两边平收 6 针后，开始袖山减针，方法是：每 2 行减 2 针减 6 次，每 2 行减 1 针减 20 次，共减 32 针，编织完 13cm 后余 26 针，收针断线。同样方法编织另一片袖片。

4. 缝合。将前片的侧缝与后片的侧缝对应缝合，前片肩部与后片肩部对应缝合，再将 2 片袖片的袖下缝合后，袖山边线与衣身的袖窿边对应缝合。

5. 领子编织。领圈边挑 152 针，织 12cm 单罗纹，收针断线，形成开襟圆领。

6. 缝上纽扣。毛衣编织完成。

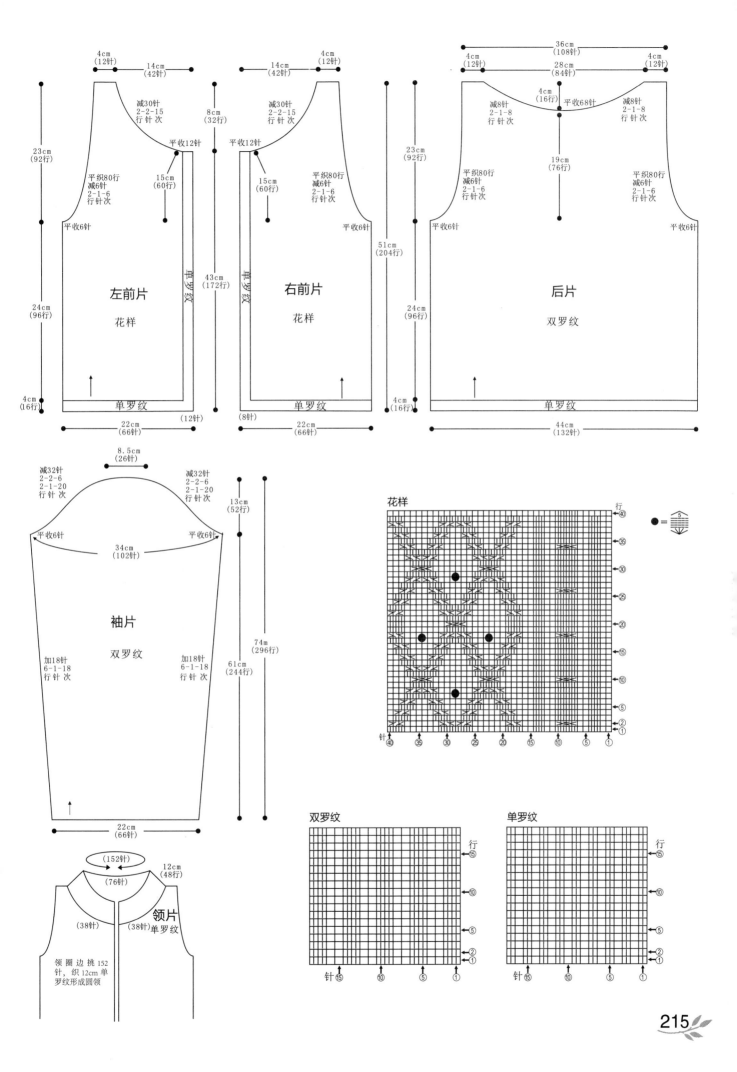

4cm
(12针)
14cm
(42针)
14cm
(42针)
4cm
(12针)
36cm
(108针)
4cm
(12针)
28cm
(84针)
4cm
(12针)

8cm
(32行)

23cm
(92行)
减30针
2-2-15
行针次
减30针
2-2-15
行针次
减8针
2-1-8
行针次
平收68针
减8针
2-1-8
行针次

平收12针
平收12针
4cm
(16行)

23cm
(92行)

平织80行
减6针
2-1-6
行针次
15cm
(60行)
15cm
(60行)
平织80行
减6针
2-1-6
行针次
平织80行
减6针
2-1-6
行针次
19cm
(76行)
平织80行
减6针
2-1-6
行针次

平收6针
平收6针
平收6针
平收6针

左前片
花样
右前片
花样
后片
双罗纹

43cm
(172行)

51cm
(204行)

24cm
(96行)
24cm
(96行)

4cm
(16行)
单罗纹
(12针)
(8针)
单罗纹
4cm
(16行)
单罗纹

22cm
(66针)
22cm
(66针)
44cm
(132针)

8.5cm
(26针)

减32针
2-2-6
2-1-20
行针次
减32针
2-2-6
2-1-20
行针次
13cm
(52行)

花样

平收6针
34cm
(102针)
平收6针

袖片
双罗纹

74m
(296行)

加18针
6-1-18
行针次
加18针
6-1-18
行针次

61cm
(244行)

● = 5

行
40
35
30
25
20
15
10
5
2
1

针
40 35 30 25 20 15 10 5

22cm
(66针)

(152针)
(76针)
12cm
(48行)

(38针)
(38针)单罗纹
领片

领圈边挑152
针，织12cm单
罗纹形成圆领

双罗纹
行
15
10
5
2
1
针15 10 5 1

单罗纹
行
15
10
5
2
1
针15 10 5 1

编织符号说明

符号	名称	符号	名称	符号	名称	符号	名称
─	上针		1针加3针		右上3针交叉		右上1针和左下2针交叉
│	下针		3针并1针		左上3针交叉		左上1针和右下2针交叉
O	空针	↓	1针放2针		左上6针交叉		右上5针和左下5针交叉
	拉针	∧	2针并1针		左上1针交叉		右上3针和左下3针交叉
⊤	长针		1针放2针		右上1针交叉		1针扭针和1针上针右上交叉
o	扣眼		上针吊针		左上2针并1针		1针扭针和1针上针左上交叉
V	滑针	↑	编织方向		右上2针并1针		右上3针中间1针交叉
o	锁针		空针浮针		3针2行节编织		1针下针中间左上2针交叉
	浮针	v	右侧加针		右上3针并1针		2针下针和1针上针左上交叉
+	短针	↘	左侧加针		中上3针并1针		2针下针和1针上针右上交叉
	扭针		延伸上针	V	长针1针放2针		绕双线织下针,并把线套绕到正面
V	挑针		上针拨收		长针2针并1针		
o	辫子针		5针并1针 1针放5针		1针里加出5针		
	穿左针		减1针加1针		长针3针枣形针		
∩	延伸针		平加出3针	3	1针放3针的加针		
T	中长线		7针平收针	5	1针放5针的加针		
	扭上针		右上2针交叉		上针左上2针并1针		
	上拉针	W	卷3圈的卷针		长针1针中心交叉		
	狗牙针		右上4针交叉		右上2针和左下1针交叉		
	4行吊针						